U0937176

ANGER MANAGEMENT

WORKBOOK FOR WOMEN & ANGER MANAGEMENT WORKBOOK FOR MEN

情绪管理

[美] 朱莉·卡塔拉诺 Julie Catalano [美] 亚伦·卡明 Aaron Karmin 著

管理情绪，而不是被情绪管理

中国青年出版社

图书在版编目(CIP)数据

情绪管理：管理情绪，而不是被情绪管理 /（美）朱莉·卡塔拉诺，（美）亚伦·卡明著；李兰杰，李亮译. —北京：中国青年出版社，2020. 8
书名原文：The Anger Management Workbook for Women: A 5-Step Guide to Managing Your Emotions and Breaking the Cycle of AngerAnger Management Workbook for Men: Take Control of Your Anger and Master Your Emotions
ISBN 978-7-5153-6050-8

Ⅰ.①情… Ⅱ.①朱… ②亚… ③李… ④李… Ⅲ.①情绪 – 自我控制 – 通俗读物 Ⅳ.①B842.6-49

中国版本图书馆 CIP 数据核字（2020）第093542号

情绪管理：管理情绪，而不是被情绪管理

作　　者：[美] 朱莉·卡塔拉诺　亚伦·卡明
译　　者：李兰杰　李　亮
策划编辑：刘　吉
责任编辑：胡莉萍
文字编辑：翟平华　陈　楠
美术编辑：佟雪莹
出　　版：中国青年出版社
发　　行：北京中青文文化传媒有限公司
电　　话：010-65511272 / 65516873
公司网址：www.cyb.com.cn
购书网址：zqwts.tmall.com
印　　刷：大厂回族自治县益利印刷有限公司
版　　次：2020年8月第1版
印　　次：2025年12月第13次印刷
开　　本：880mm × 1230mm　1 / 32
字　　数：130千字
印　　张：10
京权图字：01-2019-1565
书　　号：ISBN 978-7-5153-6050-8
定　　价：49.90元

目　录

THE EMOTION MANAGEMENT WORKBOOK

004

前　言

在过去的几十年，是什么流行病给美国人造成了极其恐怖的影响？是癌症，艾滋病，吸毒，还是心脏病？

这些都不是——是暴力。

我们都很熟悉对妇女儿童施暴的现象及对其生活的影响，然而，我们可能都没有想过，暴力也可以直接威胁到人们的健康与幸福。

每一年都有数百万起暴力事件，有些事件会让人丧命，留下孤儿寡母自力更生。即使暴力冲突没有造成人员死亡，暴力事件留下的慢性身体伤害或者精神创伤，可能让一个人的余生都深受其苦。

官方和私人机构都在尝试治疗这种暴力流行病，但他们的关注点都只集中在如何阻止外在的暴力行为——发作的时候服用药物，或者实施关押禁闭——好像暴力是一种不可阻挡的自然力量，好像不管通过什么方式把这种力量控制住就足够了。可是，这些方法没有识别或者处理导致人们寻求暴力措施解决问题的潜在的根本原因。

这里有三个简单的事实：

1. 暴力几乎总是与坏情绪相伴。

2. 这种暴力流行病不是无意识的犯罪，而是情绪导致的后果。

3. 人们有能力控制自己的情绪。

如果认为人们无法控制自己的情绪，那就是把暴力当作一种不可控的动物本能。自远古时代起，犯罪分子就一直声称自己可以免受自私行为的后果，如果我们希望打破暴力的循环，就需要揭穿这个借口的假面具。

然而，作为社会整体，我们不承认我们的情绪有问题。

临床医生们和官员们都曾给极端的情绪起过一个复杂且高大上的名字——间歇性爆发性障碍（Intermittent Explosive Disorder，IED）。

2006年发表在《普通精神病学文献》（*Archives of General Psychiatry*）的一篇文章指出，美国有超过7%的人在一生的某个时刻体验过间歇性爆发性障碍，而且男性比女性比例更高。这意味着男性面对一定的场景时，更容易产生过激的情绪，比如路怒症，或者暴力行为。

尽管如此，被诊断为患有间歇性爆发性障碍的人相对来说还是不太常见，而且确诊此障碍的标准也比较模糊。不仅如此，一旦确诊患有此障碍，一般对于其内在感觉也会进行医疗处理。

临床医生更多的判定是这个人表现得很糟糕，需要做出更好的选择，需要为他的决定负责任，而不会轻易把这个人诊断为患有间歇性爆发性障碍。这就意味着把这个人最主要的问题确定为情绪的问题，而不是暴力问题。好像我们更愿意否认我们具有情绪问题，尽管这种否认的后果之一就是整个国家的高暴力率。

发脾气是生活的一部分，这是人类正常的一部分。事实上，大多数导致暴力的情绪其实并没有病态的根源，只不过是正常的愤怒走向了极端。

每个人都会生气，但是我们生气的时候选择实施暴力行为却是不应该的。既然你选择读这本书，很可能你已经意识到坏情绪曾给你的生活带来过麻烦。或许你曾经因为发脾气丢失过工作、婚姻，或者一段友谊，或许你甚至因为这样的后果想过自杀，或许选择酒精或者毒品来应对，但你很可能没有意识到的是，在你对人或者事感到愤怒的表象之下，还有一些更深层的原因：在你表现出来的情绪之下，隐藏着的是你对自己有恶意的情绪，正是这种情绪，才让你无法如愿成为一个幸福和成功的人。

这本书会教给你一些技巧，让你能够正确面对情绪的问题，以非攻击性的方式管理你的情绪。读这本书，你会得到很多专业知识，可以帮助你将在书中学到的新的技能运用到日常生活中的各种场景。一旦学会了以非攻击性的方式管理情绪，你就会获得一种很大的成就感。随着自信心和自我控制能力的增强，你会越来越独立自主、能力倍增，换一种方式来说，情绪的管理能力可以塑造一个人的自尊心，可以强化你人生中最重要也最容易被忽略的一种关系——你与自己的关系。

第 1 章 走近你的情绪

第 1 节　什么是不良情绪

很遗憾人们通常不相信感受的存在，我们经常被告知，要专注客观事实，而不是感受。从人们的惯用语中可以看出人们对感受广泛存在不信任，比如“对不起——我当时没有考虑到”。但很少有人会说“对不起——我当时没有感受到”。

的确，强烈的情感会影响清晰的思维，但是，不去感知自己的情感会影响你的健康。你的情绪感受与你的大脑和身体都有联系，只是，情感是触不可及的，没有一种确定的方法可以定义感觉。当看到别人在哭泣时，你无法知道这个人为什么在哭，是因为身体的疼痛、剧烈的悲痛还是只是刚刚切完洋葱。没有一个事件或者物体，可以让所有的人都具有同样的情感反应，所以，这就是为什么行为本身并不能很好地反映别人的感受。

但是人们会向其他人学习，他们教给彼此重要的一课就是，行动比语言更能表达情感。很多人不知道的是，坏情绪的表达并不一定要大喊大叫或者拳打脚踢，就像悲伤的表达不一定非得哭泣，恐惧的表达不一定非得躲藏或者逃离一样。

人们互相教导的另一个误区是，有些感受是坏的，有些感受是好的。实际上，感受是不分好坏的，感受就是感受。如果你倾听自己的情绪并理解它们的含义，那么你就可以设法处理它们，它们的强度也会弱化。但是，如果你忽略情绪所要表达的东西，那么这些情绪会积累，最终你可能会通过破坏性的行为将之表达出来。

如果你人生中的每时每刻都感觉非常幸福开心，难道不是一件很好的事吗？但有一个词是用来形容那些无法感受到愤怒、恐惧和痛苦的动物的——灭绝。情绪具有存在的价值，可能从逻辑上无法讲得通，但它们是生命中无法避免的一部分，它们是我们作为人类的一部分。

对你来说，最糟糕的情绪是什么？

____

____

____

曾经有个小男孩脾气不好，他的爸爸给他一包钉子和一把锤头，告诉他每次他发脾气之后，就在后院的篱笆上钉一颗钉子。就在拿到钉子后的第一天，这个男孩就在篱笆上钉了37颗钉子。逐渐地，这个男孩发现控制住自己不发脾气比向篱笆上钉钉子容易，终于迎来了他一整天都没有发脾气的那一天。他的爸爸建议，每次他能够控制住自己的脾气，就从篱笆里拔一颗钉子出来。日子一天天过去，这个小男孩终于能够告诉他爸爸，所有的钉子都被拔出来了。“你做得很好，”男孩的爸爸说，“但是看看篱笆上所有的孔，篱笆再也不是以前的篱笆了。当你生气的时候，你说过的气愤的话就像这些钉子一样会留下伤疤。”

发脾气是由真实的或者想象的威胁引发的本能的情绪反

应，当有什么人或者什么东西以某种方式妨碍到他们的时候，大部分人都会感到气愤。生气的感觉是痛苦的，所以我们都努力从类似坏情绪带来的感觉中解脱出来，很多人对类似愤怒的反应是希望立刻得到清除掉“障碍”的满足感——或者，如果无法清除，就对其进行谩骂或者侮辱。

大部分人都有过自己的想法和感觉相冲突的经历，比如，一个人开车去上班的路上，一切看起来都很顺利，他的感情、思想和行为都在协调一致地为准时到达目的地而努力着，但是这时有个司机抢了他的路，于是他做出了与性格不符的反应——爆发出一阵路怒，或者其他形式的情绪崩溃。即使他的理性让他意识到自己的情绪占了上风，对发生的事做出了过激的反应。

如果像这样的情绪失控也在你身上发生过，那就真的是个问题了。但压抑坏情绪也同样是有问题的，因为发脾气像其他情绪一样有其存在的原因。如果你能发现你生活中发脾气的目的，就能够理解自己的坏情绪，并以建设性的方式管理它的影响。

如果你不能清楚地了解和表达自己的感受，那么你自己和他人都很难厘清你的感受，包括生活中其他事件之间的关系。在这一章，我们会讲什么是不良情绪，坏情绪常见的生理反应，坏情绪的好处以及性别差异。在本章最后，你将有机会从客观的角度分析，发脾气会对你造成怎样的影响。

第2节　坏情绪的常见生理反应

玛格丽特在小组讨论时坐着，双手抱头，她感到无力改变自己的行为反应，因为她生气起来“疾如雷电”。她是一名长途卡车司机，习惯了独自一人应对难缠的人和困难的局面。她现在正在休家庭病假，照顾阿尔茨海默病日益恶化的老伴。玛格丽特深爱着迈克尔，但每天黄昏，迈克尔的健忘都会加重，会反复询问，会变得激动，这种“日落症状”正在破坏他们之间的关系。玛格丽特发现自己经常冲着迈克尔大声尖叫，并在厨房里猛摔东西，她对自己的行为感到羞愧和懊悔。

为了更好地控制情绪，你必须解决的第一件事是，了解自身对坏情绪触发事件的生理反应。每当经历坏情绪触发事件时，你体内的交感神经系统就会开始启动，刺激身体做出战斗或逃跑的本能生存反应。在愤怒想法形成之前，甚至在你完全意识到激怒你的是什么之前，身体就已经做好了行动准备。

下面的列表是发脾气时的常见生理反应。想想你自己的坏情绪事件，试着回想一下，它们是怎么开始的，评估一下你对坏情绪的初始生理反应。如果你像玛格丽特一样的话，就可能需要多加练习。在它发生之前，你可能都注意不到任何生理反应，但如果仔细观察，就会看到蛛丝马迹。

肌肉绷紧。身体变得紧张、警觉，许多人会感到颈部、肩部、背部或胸部绷紧。

心率加快。你可能会感到心率略微加快，或感到心脏怦怦乱跳。

呼吸急促。呼吸变快、变弱。

冒汗。有些人会感到自己“体温升高”，有可能脸部、颈部、腋下或手会出汗。

发抖。肾上腺素和去甲肾上腺素在体内释放（这也会导致肌肉紧张)，可能会导致身体晃动或颤抖。

哭泣。有些人在非常生气时或生气过后会哭。

按顺序(如果可能的话)列出坏情绪触发事件发生时，最常见的生理反应。练习这项技能，你将更容易识别自己的情绪反应。

第一反应：________________________

第二反应：________________________

第三反应：________________________

第四反应：________________________

评估自己的情绪反应强度

在决定最佳的情绪反应之前，你必须能够评估自己的情绪反应强度。如果你被坏情绪的生理体验弄到不知所措，那就不会在认知上或情感上做好准备与其他人进行富有成效的情感讨论。可以通过以下尺度来衡量你的情绪反应强度。

1. 一点也不生气，身体没有激动感。

2. 有点恼火，身体有轻微激动感。

3. 沮丧，身体有更多激动感。

4. 被激，身体的激动感在进一步增强。

5. 加重，身体一般激动，愤怒症状显现。

6. 激动，外部愤怒信号更加明显。

7. 被激怒，坏情绪的生理症状增多，该将自己从当前情况中解脱出来了。

8. 生气了，坏情绪的生理症状增多，逐渐失去控制，应该把自己从当前情境中解脱出来。

9. 狂怒，身体被坏情绪整得不堪重负，情绪反应更加不可控制，急需从当前情境中解脱出来。

10. 情绪爆发，身体陷入全面激动状态，这时其他人可能会受到惊吓。

想想你最近一次重大情绪事件，它的强度是多少？

____

____

当你回想一个重大情绪事件时，试着回想一下，你的坏情绪持续了多久？

______1～2分钟 ______超过1小时

______大约5分钟 ______半天

______10～20分钟 ______一整天

______30分钟到1小时 ______超过一天到一周

生气时的常见情绪

在长达一年的时间里，艾米丽住中途宿舍、进行随机药物测试、无数次参加12步计划、参加法庭听证会、被监视着探望孩子。一年结束之后，艾米丽确信自己最终证明了自己是清醒的和情绪稳定的。在她看来，她很快就能够不受监视地与两个孩子度过完整的周末。但是，她的前夫设法说服了法官，说她还没有达到要求。法官裁定在接下来的一年，艾米丽得继续在家庭服务机构监视下探望自己的孩子。艾米丽崩溃了，她觉得自己特别努力地保持清醒，更何况她和她的孩子们重新建立了联系。于是，她悲愤又绝望地去前夫家砸门，要求见孩子，她觉得自己被贬低、被忽视、被拒绝。

在活跃的坏情绪下，往往会伴随着其他的微妙感受。以下列表是生气时的常见情绪，请勾选你在生气时最常产生的那些情绪。

____伤心	____焦虑	____被指控的*
____绝望	____害怕	____负罪感*
____无力	____孤独	____被贬低的*
____羞愧	____压力大	____不可靠*
____身心疲惫	____沮丧	____被厌弃*
____尴尬	____被忽视*	____不讨人喜欢*
____不抱希望	____无足轻重	

标有*的术语来自史蒂芬·史多兹博士（Dr.Steven Stosny）1995年出版的《治疗依恋性虐待》。

回想一下你最近一次重大情绪事件，以上面列出的选项为指导，试着回想一下，你除了愤怒之外的其他感受，也请随时写下上面没有列出的感受。

____

____

____

____

____

第3节　六大错误认知

我想让你明白，加入情绪管理小组①不是懦弱或者失败的表现，寻求支持是力量的象征，而不是懦弱。我们都会时不时地需要他人的帮助，知道什么时候请求支持和指导是智慧的象征。此外，对于各种各样的问题，我们都会得到专业的支持，从漏水的水龙头到复杂的纳税申报表，管理情绪也不例外。控制你的情绪是一种可以学习的技能，一旦能管理好你的情绪，你就能赢过90%的人。管理情绪，而不是被情绪管理。

但是，如果你和其他人一样，有可能相信一些关于坏情绪的错误看法。有时候这些错误看法可以作为它的借口，或

① 由展望协会设立，这是一家私营咨询公司，专为个人和企业提供有关情绪问题的咨询服务，小组成员是参与咨询的人。本书将引用情绪管理小组成员的案例进行分析解释。

者让发脾气看起来好像是对待某一场景的唯一可能反应，因为你要学习以非攻击性的方式管理你的情绪，对你来说，能够反思并挑战这些错误非常重要。

错误看法一：坏情绪是继承来的。

如果你的父亲是一个易怒的人或许你会认为你的愤怒是从他那里继承而来。但是，这只是表达“你的愤怒是不可改变的”这个意思的另一种方式而已。你可能生来就比别人更容易生气，但是，愤怒是一种习得的行为，你完全可以进行改变，当你能够控制你对坏情绪的反应，就会变得为你的幸福负责，因为你让幸福成为自己选择的结果，而不是依赖他人行为的结果。

关于你的生物学知识

知识就是力量，所以不要害怕从生物学的角度考虑你是谁。作为一个人，因为大脑的生物特点，你有一些优势，也有一些劣势。理解你是谁的生物学基础，可以帮助你利用那

些优势，补偿劣势，做出改变，这样可以提升你在当前环境下获得成功的能力。

愤怒对你有哪些好处？

____

____

愤怒对你有哪些坏处？

____

____

错误看法二：如果不能快而有力地释放坏情绪，它就会伤害你的。

如果你同意这个错误看法，那你就认同一旦有事情不对劲就怒发冲冠、火冒三丈是健康有益的这种看法。但是人们在失去对坏情绪的控制后，往往感觉更糟糕，大喊大叫、拳打脚踢、甩门而去，都只会增强坏情绪的程度。同时，如果你把你的情绪完全隐藏起来不表达，这对自己、对他人也没有什么好处，而且很可能你也做不到完全不显露。在你生气的时候你可能会以闷气或者带着语气说话来表达——被动攻击，你身边的人知道你生气了，但是他们不知道你为什么生气。如果你学会了以一种建设性的方法来表达你的愤怒，那么你与他人的关系将会更融洽。

错误看法三：爱与坏情绪水火不容。

相信爱与坏情绪水火不容，就是相信你永远不应该对你爱的人感到愤怒——反过来，如果你和你不认识或者你不喜欢的人发生冲突，而你没有生气的话，那么你就是一个懦弱无能的人。要知道，典型的愤怒是有不同等级的，从轻度的烦恼到强烈的盛怒。如果你不知道如何识别并说出你愤怒的等级，就有可能会把比较轻微的恼怒当作强烈的紧急危机，失控的解药在于学会坚定、肯定和控制——也就是说，学会坚定自信。

错误看法四：生气是让别人规矩行事的好方法。

这种错误看法主要来源一种想法，那就是其他人都很危险，发脾气是保护你自己和你关心的人的一种好方法。这可能在你的生命中的某些特定时刻是正确的，但持续相信这个错误的想法会导致问题，毕竟，好的友谊不是建立在恐惧的基础上，如果你经常表现出自己的坏情绪，也就不太可能拥有健康的人际关系。事实上，如果你看起来像一个易怒的人，他人会视你为威胁并很有可能跟你起冲突。在遇到问题和面对危险的时候，发脾气并不是你解决所有问题的必由之路，通常有更好的方法，你应该相信自己的判断并找到保护自己的正确方法。

错误看法五：别人行为不端，你生气理所当然。

拥有这种看法的人，一般都曾是暴力或者攻击行为的受害者，发脾气是被人利用或者虐待时的一种自然反应。但是如果坏情绪渗透到你生命中的每一个领域，就会带来困扰，最好不要以不愉快的情绪处理过去受到的伤害，比如恐惧、遗失、生气、愤怒。

错误看法六：坏情绪是有破坏力的，不健康的。

这个错误表达的是这样一种信念，即发怒是一种不正常的状态，是对“正常”平静状态的一种偏离。事实上，发脾气是一种常见的、普通的情绪，一种真正正常的情绪状态应该是情感持续不断地流动和变化的，与幸福、悲伤或者其他任何一种情绪一样，发怒也是这种情感之流的一部分。

它是自然的反应，有时候发脾气是合乎情理、得体恰当的——比如，面对朋友的背叛、身体攻击或者社会上重大的不公平事件。但是，对于一件轻微的不如意事件便勃然大怒，是极具破坏力的和不健康的。如果在刚开始感到生气的时候就表达出来，这种情感就会减弱平息，如果它被压抑，反而会增强。用语言（“排队让我生气”）比用行为（猛击或者大喊大叫）更能表达情感，在和你生气的人对峙之前，可以先等一等，让自己平静下来。

真正正常的情绪状态应该是情感持续不断地流动和变化的，与幸福、悲伤或者其他任何一种情绪一样，愤怒也是这种情感之流的一部分。

揭密之法

这个练习会提出几个问题，旨在帮助你确定上述错误看法中的一种或几种是否对你有影响。你在回答这些问题的时候，可以考虑这些问题如何引导你走出这些常见的误区。

什么让你感到幸福？

____

____

____

____

你生气的时候会做什么？

____

如果你爱的人做的事情阻挠、激怒或者伤害了你，你会做什么？

如果是一个陌生人或者你不喜欢的人做的事情惹恼或者冒犯了你，你会做什么？

你发脾气的目的是什么？

什么会引发你的愤怒？

你生气的时候最糟糕的部分是什么？

第4节　坏情绪的好处

积极面

我们几乎从不会考虑坏情绪的积极面，但不可否认，坏情绪确实有一些好处。往往是我们生气时的所作所为，让它产生了巨大的破坏性，但就自身而言，坏情绪仅仅只是一种感受而已。

坏情绪根植于身体的“战斗或逃跑”机制，在该机制下，当大脑收到警报，发现我们处于某种迫在眉睫的危险情况时，会动员身体逃跑或进入战斗，这种机制帮助人类存活了数百万年（本章将进一步详细讨论这种机制）。

坏情绪是一种激发活力的情绪。它促进神经化学链回应，帮助我们采取行动。顺从类情绪（抑郁、焦虑、尴尬等）具有降低可用能量的效果，与之相比，发脾气给我们一种充满活力的震撼。恰当疏导的话，它的这种能量可以帮我们做出所需要的改变。

坏情绪让我们知道自己遇到了违规行为。它让我们知道某些事情是不对的，需要注意。我们针对周围某个特定的人酝酿坏情绪或持续发脾气，可能表明我们的需求在关系中得不到满足，或我们被要求得太多了，或在情感上受到了某种伤害。对熟人或陌生人的行为发脾气，让我们知道不要与这个人过多纠缠。

表达愤怒让别人知道他们越界了，应该停止冒犯。一旦我们意识到自己正在受到侵犯，发脾气就会给我们能量让我们表达意愿和需求，要求他人做出改变。

我们总能学到新的方式来应对坏情绪。坏情绪反应行为不是本能，而是可以学习到的。这就让我们更容易管理情绪，而不是在发生冲突事件时，只是试着控制自己的生理反应。这表明与内化的愤怒体验相比，外化的发脾气行为更容易得到改变。这一步非常重要，它可以帮助我们修复破损关系，并阻止伴随懊悔、羞愧和负罪感的重复性无效行为。我们的行为方式改变之后，感受也会变。

消极面

我们通常看到的是发脾气带来的消极外化反应，它对我们的各种关系和生活造成严重破坏，消极外化反应的结果被等同为坏情绪感受本身。我们来探索这些外化反应，同时请牢记，下面所描述的消极结果，是与坏情绪相关的行为，而不是情绪本身。

长期未经治疗的愤怒，已证实会导致心血管疾病，并被怀疑与其他疾病有关。比阿特丽斯和玛格丽特的情况不同，却遭受着同一种健康风险。比阿特丽斯不断内化自身的坏情绪，导致头疼、脖子疼、背疼、胃疼。她的症状可能会得到治疗，但问题的根源——她对坏情绪的隐忍——不会消失。玛格丽特习惯通过大喊大叫和骂人把坏情绪发泄出来，这导致她血压升高，必须服用药物来降压。

向别人发脾气，会让怒火持续，并让其他人感到受攻击。艾米丽向她的闺密诉说她的被捕过程和她的前夫，但她只是倾诉，不做交谈。艾米丽倾向于以她经历过的同样程度的坏情绪来复述事件——声音提高、粗话连篇、肢体紧绷。艾米丽并不是对她的朋友生气，她只是在发泄，但她的朋友感到不舒服，她也被艾米丽当时的坏情绪激怒了。所以，这样的发泄并不会帮助艾米丽减少愤怒情绪，让她获得所寻找的解脱，相反，这只能唤醒艾米丽不断保持同样程度的愤怒。

对他人或财产表达愤怒（比如扔东西、大喊大叫、骂人、打人等）是咄咄逼人的行为。这样的爆发会吓着周围人，他们会感到不舒服，会担心自身安全。比如，哈尼亚经常对同事大吼大叫，骂他们。这导致他们害怕与她互动，他们避免直接与她接触解决问题，而是向人力资源部门报告了她的行为。

毫无节制地向外发泄情绪，会让周围人觉得我们精神

错乱或失控。即使你知道自己是正确的或合理的，这种爆发也会让你失去信用。尽管法庭命令艾米丽不能去前夫家，她却还是决定回家并要求看望孩子，这导致她被捕。当玛格丽特冲着患有老年痴呆症的老伴迈克尔大吼大叫，并试图强迫他做事时，迈克尔开始生气，变得害怕，不愿合作。

愤怒的内化隐忍会助长怨恨，并导致重要关系疏离。试想一下火山上升起的烟雾，很明显表示火山内部正在酝酿着什么，是不是？在比阿特丽斯心里，她的丈夫哈里斯那些逾越行为的负面清单越拉越长，哈里斯却一丁点儿都不知道。不过，哈里斯确实能感受到比阿特丽斯时不时透露出来的冰冷，周围人甚至也能感受到比阿特丽斯的怒气。但是，当哈里斯问到底怎么了的时候，比阿特丽斯总是说没事，她没事。

如果公然对别人发脾气，对方也会以同样的方式对待我们，或怒而不言。口头责备、戳指头、大喊大叫、骂人等指责行为，通常会激怒对方，使得对方以防御性的方式做出回应。这个人根据关系中的权力平衡，可能会直接以牙还牙，或以其他间接方式进行报复，比如，在背后说闲话。

以情绪失控的行为对待儿童，会教会他们以失控的方式管理自己的情绪。芭比打小目睹父母之间不间断的争吵，她忍受着父母对彼此、对她、对兄弟姐妹的大吼大叫、打击和语言暴力。所以芭比知道，有时在无意中，她也会以同样的行为方式对待自己的女儿沙妮亚。

第5节　坏情绪的性别差异

对女性来说，坏情绪的实际生理体验似乎与男性相同，也就是说，坏情绪就是坏情绪。但对女性来说，触发情绪失控的事件、发脾气的目的、坏情绪的表达，以及最重要的，这种表达的后果，是不同的。

男性更容易生气，更容易表现出愤怒，这在美国社会是可以接受的，这可能是因为发脾气与权力和地位有关。尽管社会和文化更能接受男性表达坏情绪，但事实上女性对自己的坏情绪更加直言不讳，女性的愤怒持续时间也更长。

得克萨斯大学的珍妮·米诺斯基（John Mirowsky）和凯瑟琳·罗斯（Catherine Ross）在1995年，针对2592名年龄在18岁到95岁的美国成年人，开展了一项有关“衰老与控制感”的调研。结果发现，女性比男性更可能通过大喊大叫来表达坏情绪。全美舆论研究中心（National Opinion Research Center）在1996年开展了一项社会普查，发现在1460名成年人样本中，女性对坏情绪絮叨得更多，对生气的对象说话更多，需要更长时间才能消气。

在1989年至1997年，人们通过“女性情绪研究”这个项目调研了美国、土耳其和法国大约700名女性的日常愤怒。该研究分两个阶段，由桑德拉·托马斯博士及其同事在田纳西大学、北卡罗来纳大学和埃默里大学开展，研究了种族主义和压迫对女性生活压力和坏情绪的影响。一般来说，女性所拥有的社会经济水平越高，她就越能表达出自己的坏情绪。

情绪的自我评测

以下自我评测的目的，是揭示你情绪反应的严重性和频率。这不是正式诊断工具，而是出于提供信息的目的，为你的情绪管理提供指导。

请回答以下表述，并加总得分。在每题选项中，1分表示从不，2分表示很少，3分表示有时，4分表示频繁，5分表示总是。

1. 我生气时，身体经常会疼，比如，肚子疼或头疼。

1　2　3　4　5

2. 我会试着隐藏情绪。

1　2　3　4　5

3. 当我对某人生气时，我会说那人的闲话，或试着以某种方式对那人蓄意破坏。

1　2　3　4　5

4. 我生气时，会把挫败感发泄到最亲近的人身上，而不是真正让我生气的那个人。

1　2　3　4　5

5. 我会被小事激怒。

1　2　3　4　5

6. 我特别易怒。

1　2　3　4　5

7. 当我真生气时，想打人。

1　2　3　4　5

8. 当我真生气时，想砸东西。

1　2　3　4　5

9. 我有强迫性想法，这让我生气。

1　2　3　4　5

10. 当别人不明白我想告诉他们什么时，真让我恼火。

1　2　3　4　5

11. 我每周至少会有一次吹胡子瞪眼。

1　2　3　4　5

12. 我的情绪爆发使周围人心烦意乱。

1　2　3　4　5

13. 当前面的车开得太慢时，我真的很不耐烦。

1　2　3　4　5

14. 当别人违反规定，比如，在超市的快速结账通道堆放太多物品时，我就会生气。

1 2 3 4 5

15. 当别人在我旁边表现粗鲁时，我会生气。

1 2 3 4 5

16. 我发现自己经常被周围某个人激怒。

1 2 3 4 5

17. 我对自己的愤怒反应感到特别羞愧和内疚。

1 2 3 4 5

18. 我常常感到肌肉紧张、压力很大。

1 2 3 4 5

19. 我生气时会大喊大叫或骂人。

1 2 3 4 5

20. 我太生气了，整个人好像马上要爆发的火山一样。

1 2 3 4 5

21. 当机器或设备不能正常工作时，我很快就会感到沮丧。

1 2 3 4 5

22. 我对人和事的坏情绪会持续很久。

1　2　3　4　5

23. 我无法容忍无能的人，他们让我生气。

1　2　3　4　5

24. 我认为别人做了不应该做的事并试图逃避惩罚。

1　2　3　4　5

25. 当家人不分担家务时，我就生气了。

1　2　3　4　5

总分_____

分值的含义

80～100分　你的情绪表达会让你和其他人都陷入大麻烦，建议寻求专业帮助，建议读完本书。

60～80分　你得努力慎重地控制自己的情绪，有可能会需要专业帮助。

50～60分　你有很大改进空间，建议自助阅读有关情绪管理的书籍。

30~50分 你可能像大多数人一样，经常生气。建议监控情绪触发事件，观察自己是否可以在几个月内降低得分。

30分以下 不错，你能很好地管理自己的情绪。

——改编自新英格兰展望协会的情绪评测

有充分证据表明，男性无论在整体上还是在特定领域都比女性赚钱多，在商业和政治生活中拥有的权威职位也更多。文化压力让女性礼貌、克制，而在我们的文化和社会中男性又掌握着权力和金钱，所以人们更容易接受男性公开表达坏情绪。

但托马斯和同事们发现，女性的坏情绪会被更多场景所激发。女性能感受到替代性应激源，这点与男性区别很大。直接影响女性的事件，以及影响其亲人的事件，都会触发女性的愤怒。因此，让配偶、父母、兄弟姐妹、孩子或朋友感到不安的事，也会让女性感到不安。

托马斯说“无能为力”，是触发女性发脾气的最常见因素。

女性试图影响其工作场所发生的变化或对其而言重要的人，但却无法实现。经常有女性反映，觉得同事和重要的人好像都没在听自己说话。

“不公正”是触发女性发脾气的第二大常见因素，托马斯的许多受访者举例说，亲人和同事对她们不公平或不尊重。

而“缺乏责任感”是触发女性发脾气的第三大常见因素，女性认为，伴侣、孩子以及同事推卸责任，是导致其愤怒的重要原因。

比如布列塔尼的境况，就印证了托马斯及其团队关于坏情绪触发因素具有性别差异这一研究结果。

布列塔尼与丈夫凯尔结婚8年了，有两个孩子，7岁的儿子读二年级，3岁的女儿上幼儿园。布列塔尼是忙碌的医疗计费办公室经理，周一至周五全职工作，凯尔自己当电工，随时都要去州内各地干活。每天凌晨5点起床后，凯尔为自己上班做准备，布列塔尼为每个人做午餐，叫醒孩子们，让他们穿好衣服、吃好饭，接着送到各自学校，然后自己去上班。

凯尔通常会早点下班回家，并在家人回来之前打个盹，因为他觉得自己的工作比办公室工作“更累人”，需要休息。布列塔尼下午5点下班后，马上去课外活动场所接儿子，同时冲刺赶在幼儿园5:30关门之前接到女儿，每迟到1分钟，幼儿园就加收费1美元。

布列塔尼曾多次与凯尔讨论轮流接送儿女的各种可行方式，但凯尔坚持认为，轮流接送并不适用于他那大多数时间都在建筑工地的日程，她觉得无力改变局势。

布列塔尼觉得凯尔对她不公平，他跟她一样“想要孩子”，但却看不到（或不愿看到）照顾小孩所需的工作量。她还认为他推卸责任，不帮她做家务，因为他总是周末去打高尔夫球“缓解压力”，从而逃避做那些清洁、洗衣、购物等周末杂务。

她的愤怒越积越多，她时常想与凯尔离婚，因为她觉得自己“实际上是个单身母亲”。挫折感越来越强烈，又找不到解决办法，于是她发现自己经常对凯尔和孩子们大吼大叫。但她知道自己爱凯尔，他们相处愉快，孩子们也爱他们的父亲。此外，他们的家庭需要凯尔的收入来维持，如果离婚了，每个人都会过得非常艰难，布列塔尼感到被困住了。

调查发现，与男性相比，女性受访者更愿意通过讨论坏情绪的方法来处理它。这个研究术语源自佛雷明翰愤怒量表（Framingham Anger Scales），指的是在情绪上安全的时间和地点来谈论坏情绪，托马斯在《女性与坏情绪》一书中详细阐述了这个方法。

就表达坏情绪而言，讨论坏情绪方法是目前最健康的生理和心理途径，本书将对它展开详细探讨。

自我评测

在每章结束时，会要求你进行检查回顾，以便处理所学知识，并确定你想继续了解哪些信息。在本章，我们学习了情绪的重要性、什么是坏情绪、坏情绪的两面性，以及女性和男性在坏情绪触发因素和反应等方面的不同，请写下第一章中让你印象深刻的以及你想要记住的内容。

____

____

____

____

____

第2章 评估让你生气的情绪

第 1 节　生气的五个原因

我们试着从下面五个原因来解释生气的行为，它们都是由特定的情感驱使的：

1. 寻求报复。你感到受到伤害，所以你想要报复算账，以合公平之理。

2. 防止灾难发生。你感到无能为力，所以你想要掌控。

3. 推开他人。你感到灰心沮丧，所以你想要退出生活，避免他人的评价。

4. 吸引他人注意。你感到不被尊重，所以你想要猛烈抨击以得到他人的认可或者证明你很重要。

5. 表达复杂情感。你感到招架不住，所以你想要减少你的不舒适感。

第2节　你生气的想法被扭曲了

扭曲性思维指的是进入你的大脑让你感觉更糟糕的想法。当你生气的时候，需要正视自己的想法，在解释事件的时候，你是否犯了以下错误？看看下列描述的模式有没有重复出现。

认为别人是针对你个人的。你寻找并且期待其他人对你的批评，一旦你找到了，就会感到受伤。但是，有时候事情不一定是针对你的，一个对你厉声说话的怪人可能只是那天过得不顺，没有很好地处理好他或她自己的愤怒而已。

你会把事情个人化吗，即使这些事与你没有关系或者关系很小，而你又感到受伤或者想发脾气？列举几个例子。

____

____

忽略积极的一面。你只关注了事情消极的一面，而忽略了积极的一面，比如，你得到了很多称赞，但是你却揪着仅有的一条负面反馈不放。

你会忽略事情积极的方面吗？列举几个例子。

追求完美。你对自己和你身边的人期望太多，当他人没有达到你那么高的标准时，你感到失望和受伤，受到的伤害很快转化为愤怒。如果你是完美主义者，甚至不可能看到别人一直在支持你，即使他们并非完美无缺。

你是否会期望自己或其他人做到完美？列举几个例子。

认为不公平。当提到人们怎么看待什么是公平和不公平的时候，没有绝对的标准。说某件事是公平或不公平，是基于你想要什么，需要什么，或期望从一个特定的情况下做出的主观判断。

你是否遇到过不公平的事？列举几个例子。

____

____

____

做出自我实现的预言。基于一件不如意的事，你对整个人生得出悲观、愤世嫉俗和失败主义的结论。你透过自己消极思想的棱镜看这个世界，总是期待最坏的事，往往你也得到坏的结果。

你是否会得出消极的结论，然后通过它们来看待和体验这个世界？列举几个例子。

____

____

非黑即白。这种思维方式让你远离了真实生活中最常见的中间立场，比如，当一个好朋友让你失望的时候，你感到被背叛——也许是因为你不愿意在特定的情况下告诉他你想要什么和期望什么——下一次你见到他的时候，你生气地告诉他你再也不会信任他了。

你是否会用非黑即白的方式来思考？列举几个例子。

____

____

____

为了管理你的坏情绪，识别并改正上述的几种歪曲的思维模式是非常重要的。下面有四个步骤，可以帮助你看看自己的思维哪里出现了问题。

1. 描述一个很容易让你生气的情况（比如，在邮局排队的时候，有人插到了你前面）。

____

---

2. 写下在这个情况下，是什么让你感到生气（比如，插队是对其他人的考虑不周）。

---

3. 注意你的自我谈话，写下来（比如，“现在的人们都这么粗鲁”）。

---

4. 问问你自己，如果上面描述的情况发生在真实的生活中，会不会真的有什么影响。

大多数时候，像你刚才描述的那种情况根本不算什么，所以你没有理由大发脾气。但是，对于你不喜欢的事情感到生气是合情合理的，如果你想用发脾气激励你改变不满意的

情况，就可以建设性地利用你的坏情绪。这样一来，你可以选择把发脾气看作既不是好的也不是坏的——只是人之常情罢了。

不全则无/非黑即白的思维

描述：这种情况下，对方一无是处，自己则完全正确。这种情况下，只有一种看待方式，一种行动方式，而自己是完全正确的。

抵制这种思维扭曲：试着接受对方的观点，设身处地地站在对方立场一小会儿。从另一个角度看这个问题的话，会是怎样的？

责怪

描述：这种情况下，是对方导致你生气，导致了你的情绪反应。

抵制这种思维扭曲：尽量坚持你自己的感受和反应。问问自己："这种情况下，我失去了什么？我的哪个目标被阻止了？"

灾难降临

描述：最糟糕的结果将会发生。

抵制这种思维扭曲：问问自己："最坏情况出现的可能性有多大？其他可能的结果是什么？"

情绪推理

描述：你认为，自己对这种情况的感受就是这种情况的真相。

抵制这种思维扭曲：问问自己："这种情况的真相到底是什么？"琢磨一下实际发生的情况，暂时不要做出判断。

归纳

描述：这种事"总是"发生在你身上，事情"从不"会照着你的想法来。

抵制这种思维扭曲：提醒自己，事情有时候也是顺利的，情况并不总是一样的结果，你和其他人并不总是以同样的方式行事。

贴标签

描述：你可能会给其他人的行为或角色贴上负面标签，导致你辱骂或贬低他人。

抵制这种思维扭曲：判断性语言和辱骂的话不要说出口。好好想想，不要加入任何丰富多彩的情感语言，事实是什么？

最大限度地减少积极因素

描述：这个人、这个情况、这整个关系中，事情的出错频率远远超过了正确频率。

抵制这种思维扭曲：承认你跟让你生气的人之间是有积极互动的，承认类似情况也有进展顺利的时候。

错误归因

描述：你觉得自己能看透别人的心思，你认为自己知晓其他人行为的动机和理由。

抵制这种思维扭曲：坚持事实，理智地观察一下，实际上在发生什么？不要对他人的想法或动机进行解释或假设。

负向过滤

描述：你认为，这种情况只有消极面，不可能会产生积极结果。

抵制这种思维扭曲：接纳可能性，你不一定就知道事情走向。把你的镜头扩展一下，为正在发生的事情搜索积极的替代方案。

“应该”表述

描述：你认为，人们应该以特定的方式行事，或者这种情况应该产生特定的结果。

抵制这种思维扭曲：提醒自己，这种“应该”表述是主观的。你认为某人应该采取的行动或思考方式，可能并不是那人认为自己应该采取的行动或思考方式。

哈尼亚列举了自己工作中消极思维模式的许多例子，比如：

不全则无/非黑即白的思维：她认为同事是完全错误的，她是完全正确的。

归纳：她认为团队成员总是把事情搞砸，永远不会在最后期限之前完成工作。

贴标签：她狠狠地辱骂同事。

最大限度地减少积极因素：她并不会想到，同事们也有做对事情的时候。

现在，请列出你自己最常发生的消极扭曲思维。

____

____

____

____

____

通过参加情绪管理小组，哈尼亚努力扭转自己的消极思维，比如：

责备：她试着想："我是团队领导，我不能把所有事情都怪罪到其他团队成员身上。"

贴标签：她认识到骂人不但不管用，还会让她陷入更大麻烦。

最大限度地减少积极因素：她记下团队成员干得好的点，并与他们分享。

现在请列出可用来挑战消极扭曲思维的你自己的想法。

第 3 节　生气时，到底发生了什么

通常情况下，我们感到受威胁的时候，并没有达到必须进行身体上的搏斗的程度。比如，你在超市或银行排队等候时，有可能会因为收银员动作缓慢而变得烦躁，而实际上，并没有任何事情针对你发生，但你的副交感神经系统不知道这一点，它对“威胁”产生了强烈反应。

有些人更容易暴躁，你可能认识某个人，乐天知命、随遇而安，看起来并没有太多困扰，这人可能是生理情绪唤醒很慢的那种幸运的人。也许，他在原生家庭中亲眼目睹了成年人对生活压力的反应不那么烦躁。或许，他的乐观既来自生理优势，又有原生家庭的幸福。

而另一些人则似乎总在生气，这被称为易怒特质。易怒特质程度较深的人，情绪爆发底线往往更低。基本上，有易

怒特质的人更容易发脾气。他们从发脾气的角度来看待日常压力，易怒特质程度较深的人，感受坏情绪比其他人更频繁、更强烈。在这一点上，可能是遗传在发挥作用，但研究人员也看到，社会化是起作用的另一个因素，一个人表达坏情绪的方式，是从周围的重要人物那儿学会的。

患有创伤后应激障碍（PTSD）[①]的人对坏情绪的反应程度，往往超出它触发事件的正常水平。创伤后应激障碍是一种综合症状，由个体所经历的创伤事件引起，症状中可能会包括加重了的愤怒和烦躁。创伤后应激障碍导致副交感神经系统变得过度警惕，并过度回应生活中的触发事件，从而使人更容易受刺激、情绪更不稳定。创伤后应激障碍及其在愤怒中所起的作用，与女性尤为相关，女性被诊断患有创伤后应激

① 创伤后应激障碍（PTSD）：是指个体经历、目睹或遭遇到一个或多个涉及自身或他人的实际死亡，或受到死亡的威胁，或严重地受伤，或躯体完整性受到威胁后，所导致的个体延迟出现和持续存在的精神障碍。创伤后应激障碍的发病率报道不一，女性比男性更易发展为创伤后应激障碍。——译者注

障碍的可能性是男性的两倍。

就像可以选择如何解释生活中的各类事件一样，你也可以选择如何表达你的坏情绪。但是，男性经常会错误地将他们的选择降低为两个——与人面对面地直接表达，或者将愤怒埋在自己心里。但是，如果你曾震惊于你对某件事的过激反应，或者如果你曾被别人突然爆发的情绪吓到，那你就应该知道被压抑的坏情绪最后表达出来是什么样子的。

发脾气是一种自然的情绪，如果能够在合适的时间以合适的方式表达出来，它是健康的。但关键是：愤怒是一种二级情绪，这就是说，在你感到气愤之前，你总是先有其他的感受——比如恐惧、无望、伤害、失望或者愧疚。这些都是与感觉脆弱有关的情绪，很多男人用发脾气来掩盖或保护自己免受那些脆弱感和情感上的痛苦。但是压抑怒火与控制脾气是两回事，压抑怒火只是意味着压下去，而不是冒着风险释放它。

男人的情绪问题通常是他们把坏情绪看得太重或者太不

当回事，对坏情绪看得太重只会加重这种情感，太强调又会增强它的感觉，使其恶化。但是对坏情绪看得太轻经常会导致压抑的不只是愤怒，还有其他情绪。这最终会造成麻木，因为感觉不到“坏”情绪，同时也意味着无法感觉到“好”情绪。这样你就失去了自己很重要的一部分，最坏的情况是，你的坏情绪积累到爆发的程度，甚至可能会发泄到毫不相干的人身上。

当我们不知道该如何有效管理坏情绪时，经常会选择一些有害的方法，比如下列几种 ：

· **镇压坏情绪**。我们否认或者压抑坏情绪。有些人喜欢保持“好人”的形象而不会制造纠纷，或许我们会对自己说，这种事儿不重要，我们应该咽下这口气不去理会。

· **推迟发脾气**。我们认为我们可以先不生气，以后再处理。

· **转移愤怒**。我们对让我们生气的人很好，却对我们爱的人充满恨意。比如，一个男人的老板因为工作挨了批，却把气撒在他的孩子身上，而不是向老板表达他的气愤。或者一个人的第一任妻子背叛了他，当他的现任妻子对他说“我今晚可能会晚点回家”时，他会对现任妻子也感到一阵嫉妒和怨恨。

- **屏蔽感觉**。不能管理坏情绪且害怕表达坏情绪的人经常会选择不去感受任何情绪，他们的推理逻辑是，如果屏蔽了所有感觉，那他们就不会受到伤害。这是一种非常危险的方法，因为这会让他们与自己的情感现实脱节。

- **保持控制**。有些人认为必须控制住不发火，他们把发脾气看成弱点和不可想象的失控。

我们不是会感觉会思考的机器——我们是会思考的有感觉的人。

第4节　生气是一种学来的习惯

人类通过模仿他人学习，即使在出生的第一天也是如此——如果你对着一个新生儿吐舌头，那个婴儿可能也会吐出他或她的舌头作为回应。这就是说，我们学习到的一切都是以模仿为基础的。

同时，这也表明，当你是孩子的时候，如果有人用一种令人讨厌的语调对你说话，你也很可能学会用那种令人厌恶的语调说话。或者，如果每当你生气的时候，你的父亲或者母亲选择离开房间，那么当别人生气的时候，你也学会了以离开房间的方式来回应——不管你父亲或母亲的这种离开曾经让你感到过多么强烈的被拒绝、被孤立和被抛弃的感觉。

像很多其他人一样，你或许不记得曾经有人教过你如何处理自己和他人的情绪，但这些教训确实发生了，你通过观察直接或间接地学会了它们。

一般而言，人们生气是因为他们想要改变某事或某人，但是他们不知道如何改变。在这种情况下，人们会产生无能为力的感觉，还有一种不想感到或显得无力的想法。

一个感到无力的人发脾气，是在为暴露自己的脆弱感到担忧，同时也感到不安，因为这种情况只会让他将自己与其他人相比较，那些他认为比他聪明能干的人会让他感到自卑。他的坏情绪越积越多，就开始憎恨那些人高超的应对技巧，并且憎恨自己如此愚蠢。

随着这个过程的继续，他会向他在孩童时期学到的那些情绪方面的经验教训求助，而这些经验教训是有问题的。他也可能会转向朋友或者家人，结果他们的建议却毫无用处，只会让他更加生气。这时，他很有可能会得出如下结论，即自己如此感觉、如此行事、如此为人一定是有问题的。总而言之，在他生气的时候，他之前所学的或者听到的所有东西都是无用的。

THE EMOTION MANAGEMENT WORKBOOK

有问题的情绪经验教训

当你可以识别来自他人的关于情绪的教训以及如何处理它们时，你就变得更有能力改变你的体验和表达情绪的方式。下面是一些你在儿童时期可能学过的经验教训：

· 总是将他人的情感看得比自己的情感更重要。

· 从不做可能会让其他人不高兴的事。

· 不要把坏情绪表达出来。

· 生气意味着别人都会注意到你。

· 忽略你的情感——或者，更甚者根本就不要有情感。

· 不要把自己的情感告诉别人——自己的情感自己知道就可以。

· 不要相信自己的情感——只相信逻辑。

· 要一直都快乐。

· 男人不哭。

你曾学到哪些情绪方面的经验教训？

____

____

____

看穿无用的建议

无论你去哪儿，好像总有一些人在等着给你建议。比如，有些人的职业就是告诉男人如何成为关爱子女的父亲、体贴爱人的丈夫和养家糊口的顶梁柱。当你的朋友和家人看到你在苦恼的时候，他们都带着美好的意愿，非常乐意给你提供建议，你甚至都不需要去找职业顾问。

然而，不幸的是，面对失控的情绪，大多数人都不是专家，所以他们并不是真的知道如何解决问题。他们或许可以告诉你曾经对他们有效的解决办法，但是这些办法不一定适合你。或者，因为他们真的很想帮忙，所以他们会重复一些被广泛接受的智慧如“改变你自己，其他一切都会随之

而变”。那种建议给你勾画了一个目标，但却没有告诉你如何实现这个目标。

人们因为各种各样的原因而给别人提建议，通常是因为他们心怀好意，真的想要提供帮助。但想要帮助并不等于真的能够给予帮助，感谢施助者的善意，但是一定不要觉得自己有义务必须接受他们的建议。

大多数人认为有用的关于情绪管理的建议，实际上只会让事情更糟。这些建议只会让被建议者感到气愤，因为他会觉得自己没有真正被看到或者被理解。当然，不用说，这些建议也无法解决问题。

针对下列例子中每一个无用的建议，都有一个或多个评论，用以说明建议的本质或者它可能会有的效果。每一个例子之后，写几句关于你接受建议后的情景的话，并回答后面的问题：

你当时是怎么反应的？这条建议对你解决情绪问题还有什么效果？

“怪不得别人，只能怪你自己。”这句话关注的不仅是应该责怪谁，还有受害者——你，因为这句话指责是你造成了问题，而且你没有将问题解决。这不仅不能帮助你理解问题，还会让你感觉无能为力、不如别人。

____

____

____

“你不想改变——你喜欢痛苦。”这是另一条指责受害者的建议，施助者感觉他们无法解决问题的时候会说这句话。的确有些人会利用自己的痛苦和苦难去操纵他人，并用这种方式去获得他们认为无法用更健康的方式得到的东西。或许你也曾经这么做过，但真实的情况是，人们不喜欢自己的苦难，没有人喜欢痛苦。

____

____

____

THE EMOTION MANAGEMENT WORKBOOK

“生气没有什么好处。”这句话说得没错，但是作为建议的话，这就等于说“长水痘是没用的”。事实上，不管有没有好处，人都会生气。施助者与其说那些明摆着的事，不如问问你“你怎么做可以管理你的愤怒，让你得到解脱的同时又不会带来更多的痛苦”？

____

____

____

“没有人能让你生气，除非你同意。”这也是一个指责受害者的例子。你不是石头做的，你可以学着不管他人怎么做你都尊重你自己，你不一定非得模仿他们不好的行为或者以牙还牙。但是，提出这条建议的人其实是在告诉你，愤怒永远都不是正当合理的。

____

____

____

“友善待人吧，不然没有人会喜欢你。”这句话的信息是将友善置于一切之上。但是，世界并不总是友善的，这条建议是想让收到建议的人将坏情绪藏在心底，以后再发飙发怒，而不是现在就以一种健康的方式管理情绪。

____

____

____

“人们会怎么想？”这并不是一个问题，而是一条建议——一条以命令的形式呈现的强有力的建议。这个命令是“闭嘴”，而且当你在公众场合生气的时候，这样给你说话的人经常都是你亲近的人，他或她是在告诉你，陌生路人的赞成比爱人的忧伤更重要。

____

____

____

"只要你专心致志，就没有解决不了的问题。"这一建议与男性独立和实用主义的夸张理想是一致的，就像心脏的有些问题在心电图上是显示不出来的一样，并不是你遇到的每一个问题都可以用头脑解决——至少不是理性地用头脑解决。

____

____

____

"一切都很好。"不，不是的。但是很多人假装一切都很好时，比要他们处理不好的事感觉要更舒服，如果你也如此认为，他们就会觉得是一种解脱。

____

____

____

“没有什么可担心的。”这是当想帮助你的人无法解决问题并希望问题不翼而飞时给出的建议。

____

____

____

“不要再想了，你现在什么也做不了。”这是当人们感觉无法给你提供解决办法时给你的另一条建议。但是，过去的事情并没有过去，你情感上的痛苦还存在，并且影响着现在的你，决定不去想过去的事并不能让现在的事变得更好。

____

____

____

“你没有权利不高兴。”说出这句话的人是在建议你将情感问题放在理性框架里解决。的确，表达坏情绪的方法或多或少有些合适或者不合适，但你感受情绪的权利是毋庸置疑的。当情绪成为一个情感问题，就需要有情感方面的解决办法，而不是理性主义的禁令。而且，这句话也不怎么理性，因为它的本意是让你因为生气而感到耻辱。

给建议就像做饭——你应该在给别人吃之前先自己尝一尝。

管理情绪意味着阻止灾难吗？

你或许认为管理情绪意味着能够阻止来自他人的伤害，或者有能力避开其他类型的个人灾难。如果你是这么认为的，那么你也不得不相信你能够看到未来，你可以在问题出现之前就解决问题。

但是，如果你让自己相信管理情绪意味着阻止灾难，那你就为让自己感到能力不足埋下伏笔。你不可能十分准确地预测未来，因此，当灾难来临时，尽管你相信自己本可以阻止它，却责怪自己没有预见到它的到来。

管理情绪意味着可以阻止坏事的发生，这种信念与你的情绪之间可以建立什么联系呢?

____

____

____

第5节　生气的五种表现风格

大多数人都有一种自然而然的、默认的情绪表达方式，社会规范和文化期望决定了我们的情绪表达方式。这些表达方式是我们在原生家庭的成长过程中习得的，你对情绪唤醒因素的生理敏感性，也是这其中一部分。随着时间推移，你与他人和世界的互动会强化你的情绪表达方式。比如，如果你是冲突避免型的人，不断抑制自己的情绪，那就可能永远都不会得到你想要的东西，因为其他人不知道你生气了，不知道你想从他们那里得到什么。

有各种各样表达情绪的术语和方法，其中，情绪内化爆发、情绪外向爆发、情绪控制等表达方式从长远来看，都与心血管疾病相关。本书提到的情绪讨论法，是唯一的、长远来看有更好的健康结果的情绪表达方法。

情绪的内化表达

在这种情况下，情绪被否认、被忽视、被扼杀，却在你的内心痛苦地酝酿着。其他人可能意识不到你生气了，长期如此的话，可能会导致心血管疾病。

情绪的间接表达

在这种情况下，情绪是通过被动报复行为来表达的，比如，背后议论人，但这并不会使情况发生任何改变。

情绪的症状：你在生气时，身体上可能会觉得痛苦，比如，头疼或肚子疼。其他人可能意识不到你生气了，所以情况并没有发生改变，而这可能会导致身体持续出问题。

情绪的外向表达

在这种情况下，通过身体或口头的形式将情绪发泄在他人身上，你可能会因为生气而责备别人。你最亲近的人可能会开始躲避你，或害怕靠近你。长远来看，这可能会导致心血管疾病。

情绪控制

你意识到了内心强压的情绪，你耗费大量精力来仔细监控自己，以免爆发或发泄。其他人可能没意识到你生气了，这种情况在长期来看，可能会导致心血管疾病，并且不会使情况发生任何改变。

情绪讨论

这种情况下，你以愿意倾听的温和的方式来谈论愤怒，就维护关系和身心健康来看，这是最佳表达方式。

回想最近或过去很长一段时间内发生的、最重大的情绪事件，你从中注意到了什么？你的情绪表达风格是哪种？

____

____

随着时间的推移，你的情绪表达方法有没有发生显著改变？请描述它是怎样改变的，为什么你认为改变了。从某种程度来看，你的情绪表达方式对你有好处吗？如果是这样的话，有哪些好处？如果没有的话，为什么没有？

____

____

____

____

自我评测

到目前为止，我们已经细查了你在生气时的生理、认知以及情感等反应，探讨常见的一些错误思维，你表达情绪的个人风格，以及你在成长中如何习得这种风格。你可能已经学到了很多有关自身情绪的知识，但在本章结束时，让我们来找出你生气的原因和表达方式，以及你可能会做出改变的地方。请在下面写下你的答案。

当你回顾最近发生的重大情绪事件时，有没有注意到什么诱发因素？在一天当中的哪个特定时间，你更容易生气？生气与饥饿、疲劳或时间紧迫之间，有哪些相关性？有哪些情绪状态或特定情况？谁最有可能触发你的情绪，在什么情况下最容易触发情绪？

几点 ____

____

哪天 ____________________

饥饿 ____________________

疲劳 ____________________

时间紧迫 ____________________

担心钱 ____________________

牵涉到的人 ____________________

牵涉到的情况 ____________________

什么/谁触发了你的情绪 ____________________

什么/谁是你情绪的发泄对象 ____________________

有关你坏情绪的所有数据都收集到了，现在，我们来应用它们。

第3章 拥抱高品质情绪

第 1 节　情绪调整的关键四要素

管理你的情绪，意思是不要说出日后让你后悔的话、做出让你后悔的事。管理你的情绪就是让自己平静下来，用冷静的头脑评估态势，采取合乎情理的行动，它基本上包括围绕你的行为的四个组成部分：

1. 表达自己

2. 照顾自己

3. 容纳挫败

4. 保持积极

表达自己

当你表达自己的时候，就是在进行建设性的沟通。你听说过这样一句话吗？沟通是10%的信息和90%的情感，这句

话的意思是良好的沟通不只是传递信息，这就像接球游戏一样，你需要确保你给别人传递的信息，正是他们收到的信息，而你收到的信息，也正是对方传过来的信息，说起来容易做起来难啊！

言行一致的沟通是有效和建设性的，如果你言行不一致，你的听众会要求你澄清，而你则不得不将之明确。所以当你与别人说话的时候，注意你当时的感受，注意你用到的词语，这样你的肢体语言也在传递信息。

因为沟通是一条双行路，有效表达自己的同时也需要在对话中认真倾听对方。比如，如果你的妻子一遍又一遍地重复同一件事，或许那是因为她觉得她的感受没有与她的话语一起被听见，这是一个很常见的问题，因为听众很容易跳过一个人的感受，而开始给出建议、分享事实或者努力将问题最小化，而不是真正倾听对方在说什么。但是，如果你拒绝倾听对方的感受，实际上你就是在说“你的感受不对，你没有权利那样想”。如果你用语言攻击他人，他人会为自己辩

护和反击，很快讨论就会升级到一场与真实感受需要完全不相关的争论中，这时候再进一步谈话也是解决不了问题的。

反之亦然——如果你没有被完全倾听，那么你也没有办法表达你的需要，所以当你感觉没有被听到，对方只是打断你说“那太荒谬了”的时候，你会感觉灰心丧气或者无比生气也是可以理解的了。你没有办法解决一个问题，除非你完全理解它，完全地沟通——倾听话语的同时倾听感受——才能引向理解。然而奇怪的是，不管是什么样的问题，一旦讨论该问题的人们确定他们的感受已经被听到了，通常就没有什么需要解决的问题了。

照顾自己

当你照顾自己的时候，就是在增进你自己的幸福感。你的幸福与别人的幸福同等重要，所以需要对别人的要求设置一些限制，你的一整天不用非得都用在取悦他人上。今天，或许其他人可以拿回干洗的衣物或者修剪你母亲的草坪。

然而，这也是说起来容易做起来难。如果你拒绝的话，那些想让你为他们做事的人可能会认为你这么做是自私的，你自己或许也会这么认为，但这实际上更多的是自我保护。如果你不能先把自己照料好，怎么能真正照料好别人呢？除此之外，为什么不成为自我照顾的榜样呢？不然的话，你的所作所为正是在告诉别人，你随时随地都在准备为他们解决问题，这样的话他们永远不会学会自己做事情。设立界线并看着人们挣扎可能会比较难，但是，只有这样他们才能成长。

容纳挫败

当增加了对挫败的容忍度，你就是在培育宽仁之心。如果别人伤害你—— 一个邻居在你背后捏造你的坏话，你的商业伙伴从你这里偷窃，你的配偶有了外遇——你想要猛烈抨击，尤其是当这个人的行为是个人背叛或者你与伤害你的人力量悬殊的时候。

如果你不能反击回去，你会感到极度沮丧。为什么不应该寻求报复？为什么应该原谅背叛你的人？这些都是正当的问题。而这些问题的答案都牵扯到一个重要的事实：原谅他人的不良行为不等于忘记或者赦免了这种行为。

忘记意味着压抑——将伤害与坏情绪严密封锁起来，但原谅是一种强大的立场，因为这需要一种能力，可以放开你关于一个人或者一件事的痛苦感受，这样你才能继续自己的生活。他人的恶劣行为给你造成了痛苦，你选择放下怨恨和痛苦，原谅他人的伤害性行为，是你给他人的一个机会，一个让他们为自己负责的机会。

你的原谅行为是为你自己好，不是为了别人。就像俗话说的，对别人怀恨在心就像自己饮下毒药却等待对方死去一样。如果你寻求报复，或者对他人心怀恶意，那么你痛苦的感觉会耗尽你的精力，让你的伤口久久无法愈合。但如果你增强容纳挫败的能力——也就是说，当别人伤害你或者让你失望的时候，不去抨击他人——你会更多地了解这个世界，发现新的成长的机会，因为你已经拥有了放下过去并且享受当下的能力。

保持积极

当你保持一种积极的态度时，就能更好地管理你对事件的解释。你对生活的态度——包括具体的事件和与事件相关的其他人——更多的是你的感受，而不只是你生活中真实的事件和人。如果你认为世界是一个可怕的地方，事事都对你不利，那么你就为发脾气、悲伤或者担忧埋下了伏笔。对于你身边的世界，你可以自己来选择看重什么，如果早上醒来看到外面在下雨，你可以把这个事实当作是大自然对你的冒犯，哀怨这灰蒙蒙的天，想着这是令人沮丧的一天。或者，你可以向外看看雨，然后为在暖和干燥舒适的家里而感到心满意足，这真的都取决于你自己。

第2节　六大经典操作

情绪治疗方法有助于管理坏情绪，本节将重点介绍其中几种可采用的不同行为方式，来扑灭你的怒火，如认知行为疗法（CBT策略）和意念法等。有了这些策略，你就可以针对情绪相关的行为来做出有效的积极改变，养成自我保健习惯，避免坏情绪的种子成长发展为全面爆发的事件。

认知行为疗法

你也许不熟悉认知行为疗法，这是一项历史悠久、研究充分、成功记录良多的心理治疗技术。它用于检查扭曲或消极的想法，及其在形成不良行为、糟糕感受和不良结果中所起的作用。除了检查消极认知或想法及其在引发愤怒中的作用，你还将观察到身体对愤怒的反应。客户通常会非常惊讶地注意到，在坏情绪发作之前，大量感觉在他们体内出现。其中一些反应很微妙，比如，一位客户描述在情绪爆发前，她的体内有“腾起”感，还有其他更明显的反应，比如，心跳加速、呼吸急促、冒汗。为更好地管理情绪，在这些感觉汇聚成想法之前，重视我们身体发出的信号，这一步非常重要。

虽然认知行为疗法以及其他一些实践方法和技术，是由训练有素的治疗师所使用的，被认为是最有效的治疗方法，本手册中也阐述了一些可以自己练习的方法。但这些方法并不是说就能取代心理治疗，在必要时，请向执业专业人员求助。

意念法

除了应用认知行为疗法，以及生理反应监测，还可以通过意念法来帮助减少情绪反应。意念法可以在一瞬间让你的身心充满意识，将你唤回现实，帮助你将注意力完全集中在一件事上，本书将全面描述练习意念法的有关技能。

其中对情绪唤醒的身体反应的一种监测方法，是注意你的呼吸和身体。

在加入我的情绪管理小组之后的头几个星期，我们在每次小组会议前都会进行5分钟左右的简单意念练习。这些练习帮助我们关注呼吸，让我们适应自己的感觉、思维和情绪状态，并注意到周围的事。你可能已经意识到意念这个概念，或经常进行冥想练习。如果是这样的话，请继续进行吧。或者，你可能会像玛格丽特在小组中说的那样，在尝试意念法之前，“从来没有有意识地呼吸”过。

意念法的练习方式无所谓正确或错误，只要练习，就对了。可以在任何地方练习，坐着、站着、躺着或走路都可以，重要的是当你开始练习时，感觉很舒服。如果愿意的话，练习时可以闭上眼睛（但走路时要小心哦）。如果闭上眼睛不舒服的话，就在练习时选择地板上的一个点来集中注意力。

如果你的房子着火了，最要紧的是回去灭火，而不是去追赶那个你认为是纵火犯的人……所以当你生气的时候，如果你继续与另一个人互动或争辩，试图惩罚对方，那么你的行为就像在追纵火犯，这时，所有东西都已经烧起来了。

—— 一行禅师（越南禅宗大师）

有个非常简单的意念练习，你可以立即尝试。如果你不习惯留意呼吸，那么就观察自己内心闪过的想法或感受，做这种意念练习一两分钟。

专注自己的呼吸。跟随每次呼吸进入鼻孔、通过气管、进入肺部。追随着呼吸从鼻孔或嘴巴出来，尽量均匀自然地呼吸。

留意进入脑海的任何想法。不要判断自己的想法，不要尝试对它们做任何事，只是让它们经过，好像它们是飘过天空的云。

留意你的任何感觉。无论感觉如何，都不要下判断或试图改变，只需观察，让感觉自由来去。

注意体内的任何感觉。可以从头部或脚部或其他地方开

始注意，只注意你体内正在发生的感觉。你感觉痛苦还是紧张？麻木还是刺痛？冷、热还是舒服？

现在可以注意体外。你听到了什么？你能听到的最远的声音是什么？你在房间里听到了什么声音？你注意到了体内的什么声音？你能听到呼吸进入身体、离开身体吗？你能听到心脏跳动吗？

关注点回到呼吸，结束练习。自始至终，追随每一次吸气和呼气。舒适自然地呼吸几次，轻轻地将注意力带回房间。

现在，简要介绍一下你在此次体验中注意到的内容。在一周当中，你最可能零星分散地练习意念法的时间是什么时候？

____

____

____

____

____

倾听你的身体

我们前面讲到，如果交感神经系统陷入某种情绪（比如愤怒）的话，就很难进行清晰思考、做出良好判断。如果你觉得太过气愤，没法选择对某种情况的反应的话，不要不假思索地回应，退后一步，首先让身体的生理反应冷静下来，只有这样，你才能采取不同的更有成效的行动来回应情绪。对于正学着以更有效的方式管理自己情绪的人来说，能够倾听自己的身体并尊重它所告诉你的，是个重要成就。

1.暂停

出庭后的第二天，艾米丽坐在房子里，愤怒又绝望。她的前夫成功获取了一年的限制令，禁止她与他或孩子联系。现在，艾米丽觉得自己没什么可失去的了，所以她拿起车钥匙，开车，再一次去前夫家。艾米丽感到内心充满了愤怒，她打算当面与前夫对峙，让他相信，他对她这么做是多么错误。

当你觉得自己的情绪要失控时，暂停，这种关键的技巧能帮你平息情绪。这并不是说你在放弃或让步，你仍然有机会发表你的意见。暂停为你提供了一个时刻，一些空间，让你冷静下来，整理想法，它让你有机会对引起坏情绪的情况做出合理回应。

如果艾米丽在上车前给自己几分钟冷静一下，然后再开车去看望她的孩子，就会有时间重新考虑她的行为。也许她会意识到，她的行为会违反限制令，并考虑到违反行为会对她与孩子的关系造成可怕的后果。

要正确使用暂停技巧的话，你得告诉让你生气的那个人，你需要一些时间暂停，冷静后回来。如果你与同事、老板、伴侣或孩子的争吵正在升级的话，简单明了地告诉他们，你需要暂停。

“现在事情变得白热化，我需要几分钟冷静下来。当咱俩都不那么生气的时候，再回过头来看看。”这样说就足够自信又语调恰当地表明了你的观点，不会使情况进一步恶化。

一定要找到一个安全空间，至少花半个小时，让自己平静下来。因为我们在经历了强烈的情绪唤醒之后，副交感神经系统需要很长时间才会冷静下来。

2. TIPP技巧

TIPP的T表示“降低体温”，I表示“剧烈运动”，P表示“有节奏地呼吸”，P表示“对肌放松”。该方法来自辩证行为疗法（DBT）[a]，由玛莎·琳内汉（Marsha Linehan）博士设计，帮助个人管理困难情绪和有害行为。

辩证行为疗法最初旨在帮助那些被诊断为边缘型人格障碍精神病的挣扎个体，边缘型人格障碍精神病会导致一个人遭受极其强烈的情绪波动，比如愤怒、抑郁、焦虑等，或导致自伤行为，或导致不正常关系。目前，辩证行为疗法技术被用于治疗强烈情绪和功能失调行为等多种心理健康疾病。在你学着理解并处理坏情绪的过程中，TIPP技术非常管用。

① 辩证行为疗法（Dialectical Behavior Therapy）：坚持以哲学辩证法为原则，坚信每个人都能够找到解决矛盾冲突中的“合”，都有明智精神。能够帮助人们学习辩证思维方法，提高全面客观看待事物的能力，最终减少情绪失调和行为异常的可能性。——译者注

尤其是它们可以帮助你避免在情绪失控时采取行动。辩证行为疗法框架内的这些必备工具，都属于危机生存技能，利用身体活动来处理强烈情绪。

正如前面学到的那样，大脑对情绪的生理反应强度决定了你是不是能够通过思维和判断来选择情绪反应，而不是纯粹的情绪回应。这些危机生存技能是你的身体做出的一系列选择，可以帮助身体减缓其战斗或逃跑反应。它们通过改变体温或控制呼吸（从而降低心率）或剧烈运动，帮助身体降低对情绪触发情况的生理反应强度，从而帮助身体消除情绪反应所积聚的能量。

注意：如果你心脏或肺部有问题、过敏或有其他任何可能影响心脏、呼吸或大脑功能的疾病，那么请在使用这些技能之前，咨询专业医疗人员。危机生存技能会改变人体的化学反应，包括降低心率。某些医疗条件可能会妨碍它们的使用，所以请咨询你的医生。

降低体温。这指的是，用冷的东西让自己迅速冷静下来。

当强烈的情绪所引起的感觉开始冒泡时，你可以试着用冷水泼脸或浸脸，或者把冰袋放在眼睛上至少30秒。冷水或冰袋会触发潜水反射——人体对浸入冷水的反应。这种自觉反应会减慢心率和呼吸，让身体保存能量和氧气。

剧烈运动。这为情绪在体内积聚的能量提供了一个身体上的出口，身体通过剧烈运动，即使是短暂的，也可以释放出积聚的能量。这种做法会释放出内啡肽——一种缓解疼痛的激素。跑步、快走、开合跳或仰卧起坐等，都可以帮助缓解坏情绪引起的激动。

有节奏地呼吸。控制性地进行深呼吸是指，呼气时间通常比吸气时间长，在呼吸之间短暂屏息。有些人通过计数来练习有节奏地呼吸。比如，在4—4—8节拍下，吸气4个拍、屏息4个拍、呼气8个拍。当然，你也可以用自己感觉舒服的节拍间隔来练习，但请记住，呼气应该比吸气和屏息的计数时间更长。有节奏地呼吸能减慢呼吸和心率，让人放松下来。

成对的肌肉放松。结合有节奏的呼吸，绷紧又放松你的各种肌肉群，以进一步刺激副交感神经系统。吸气时，慢慢地深度拉紧体内的每个肌肉或肌肉群。悠长缓慢地呼气时，放松肌肉。注意你的身体在绷紧又放松肌肉之前、期间和之后的感觉。

思维阻断法

下面，我们将使用由得克萨斯大学圣安东尼奥分校艾福瑞姆·费尔南德斯（Ephrem Fernandez）博士设计的认知行为情感疗法（CBAT），这种方法对管理、减少并重构扭曲的愤怒想法特别管用。费尔南德斯博士的愤怒治疗模型所用的方法由三部分组成：预防阶段，采用行为策略；干预阶段，应用认知策略（我们将在下面详细介绍）；干预后阶段，使用情绪或情感关注技能，来查看伴随愤怒发生或隐藏于愤怒中的其他情绪。

1. 思维阻断

在律师事务所度过忙碌又漫长的一天后，芭比被反复出

现的愤怒想法困扰，“为什么我总是必须独自处理所有事？如果我知道前任要离开，就永远不会跟他生孩子！”在波士顿的拥堵中开车回家的路上，芭比心里重复着这些想法。等到她从课外活动项目接女儿时，怨恨让她沸腾了，除了发脾气，她几乎无法专注于任何事。

通过把无济于事的愤怒想法替换为冷静的想法或说法，认知行为情感疗法帮你阻断消极想法的重复循环，这种技能可以帮你降低情绪爆发的冲动。我们通过重复与愤怒意思相反的词或短语，比如，“和平”“爱”“就这样吧”“保持冷静”或“这也会过去的”，可以尝试让消极思维循环停下来。

考虑一下，当你开始体验无济于事的愤怒想法时，什么样的词或短语能让你冷静，记下它们，试一试。

____

____

____

____

2. 重新评估

如果思维阻断不管用的话，可以用另一种方法，即重新评估。对方是不是故意激怒你的，你的判断决定了你的愤怒程度。如果能退后一步，理性地重新思考你自动产生的想法，即，发生的事情是故意的，那么就更有可能降低你的情绪反应。此外，如果你能够回顾某人逾越规矩给你造成的伤害的话，往往会发现，伤害比你原先想象的要小。

3. 分散注意力

如果在尝试思维阻断或重新评估后，愤怒的想法还没有消除，那么就可以试试被动的或主动的分心技巧。可以看看电影、听听音乐或打个盹儿，另外有时候你可能会发现，散步、跑步或与朋友喝咖啡更有助于分散注意力、阻断愤怒想法。

请记下你过去发现的可用来分散愤怒想法的有用技巧，或你希望尝试的技巧:

____

通过谈话、写作、视觉艺术和音乐来表达坏情绪

为了更深入探讨自己的坏情绪，比阿特丽斯来参加一对一会议。在进行了意念练习、探索了自己愤怒内化风格的起源，研究了她与丈夫的沟通模式之后，她将自己的头痛和消化道问题与坏情绪的隐忍联系起来。她带来了她画的画，在黑暗的房间里，一扇门关着。我问她，门后面是什么，她说是她。她在门后，没人看见，没人听到，没人知道她在那里。她很生气，因为她打不开门，感到孤独无助，被坏情绪困在那里。

写作、创造视觉艺术（像比阿特丽斯那样）、制作音乐等，都可以成为有效表达和探索情绪的方式。哪些创造性方法

是你可以找到的，是对探索自己的坏情绪有帮助的?

在身心安全的环境中，面对感兴趣的听众，关于自己的愤怒情绪，你就可以开始探索它们来自哪里、怎样影响你、你想对它们做什么，以及它们在哪种关系中出现。你的倾听者有可能是朋友、治疗师或神职人员，要释放愤怒情绪，很重要的一步是谈论它们。

想出一个或几个让你有安全感的人，你可以和他（他们）有效地讨论愤怒，把这些人的名字写下来:

怒火虽熄，余烬仍燃

在最初引发情绪的事件过去了很久之后，慢慢燃烧的憋着的怒气仍旧会在我们内心持续，尤其是在你被某种方式伤害或虐待，权利被剥夺之后。这种愤怒更贴切地被称为怨恨，它有时候可能会导致愤怒想法在经年累月中日益加深。有时候，怨恨想法可能是为了向那些冤枉你的人寻求报复，或让他们遭遇可怕的事。即使你收到道歉或补偿，怨恨依旧会存在。当然，一个被严重冤枉的人对坏情绪做出的选择是非常私人的，但评估怨恨的利弊，会有助于进一步促进康复过程。

1. 怨恨

经历怨恨让我们感到遭受了不公正待遇，并对这种经历长期心存怒火。就像上面比阿特丽斯的事例，在同样情况下，你可能会感觉受到伤害并失望。你可能很少或不会与你的怨恨对象进行沟通，你可能想要得到公平，想看到那些给你带来不公正的人受到伤害。

怨恨具有情感保护作用，可以使我们远离脆弱情绪，比如心情低落、遭遗弃、内心悲痛、失落等。在我们考虑放弃怨恨时，有可能将会体验这些痛苦感受。通常，在创伤幸存者这样的事例中，我们确实是受到了冤屈，我们的怨恨是有效的。

然而，怨恨会占据内心太多空间。在各种哲学和宗教信仰中，都讲到了怨恨释放方式。有些人为那些冒犯他们的人祈祷，从而获得解脱，有些禅修信仰会教导我们同情那些冒犯我们的人。

在心理治疗中，有些人会给冤枉他们的人写信，详细说明那人的错误做法及对自己的影响，这些信说出了我们所有想说的话，有时信件会被寄出，有时不会，有时，只要写了这封信就足够了。其他时候，我们可能想给心理医生、值得信赖的朋友或家人，或神职人员读一读这封信。有些人会设计“放手”仪式，比如，把怨恨写在纸上，放在水槽里或烧掉，或者放入冰柜深处，让它在那里“降温”。怎样释放

怨恨，是不是选择释放怨恨，都取决于你自己。唯一的要求是，在你自己的时间里，按你自己的节奏，用你自己的方式来完成。

没有怨恨想法的人，一定会找到内心的平静。

——**佛陀（释迦牟尼）**

花点时间想想你可能心怀的怨恨，回答下面的问题，进一步探讨这种怨恨。

引起怨恨的人、人群或情形：

____

____

你具体受到了怎样的伤害？

____

____

怨恨所导致的这次情绪，伴随着哪些情感？

____

____

释放这些怨恨有哪些好处？

____

____

释放这些怨恨有哪些坏处？

____

____

2. 宽恕

在每个会议期间，我的情绪管理小组都会用一周时间来讨论宽恕问题。我们会讨论，宽恕对治愈来说是不是有必要，它可能使我们解脱痛苦，还是让我们再次成为受害者。

“前夫让我远离孩子，我永远不会原谅他。”艾米丽对同组学员说，“我不想原谅，我看不到原谅的任何意义。我不信教，我看不到它的任何好处。”其他小组学员认同她的经历，但表达了不同看法。玛格丽特说：“我过去对迈克尔的所作所为，让我现在活在内疚中，这很可怕。我希望能稍微原谅自己，当我和他在一起时，只要少分点心就好。”

宽恕是指自愿地放弃那些让你在某种程度上遭受痛苦的人的负面情绪。有人指出，宽恕并不意味着忘记发生的事，或给可怕行为找理由。什么时候原谅、怎样原谅、是不是原谅，最终都是个人自己的选择，只能由受害人自己做出。

你对宽恕有什么看法？就治愈愤怒、远离坏情绪而言，你认为宽恕有没有必要？你认为不用宽恕，就可以降低愤怒感吗？你有没有正在纠结这个关系到情绪治愈的问题？

____

____

____

____

第 3 节　三种加速疗愈情绪的方法

在这一部分，我们主要讲述三种有效加速疗愈坏情绪的方法：练习原谅他人的伤害性行为、培养自尊心、写一些引发坏情绪和其他痛苦情绪的情景。

练习原谅

如果你抱着过去的伤害不放，实际上是在贬低别人抬高自己，并以这种方式释放自己的痛苦。你或许认为照料过去的伤口，可以给你控制权，避免暴露你的不完美，你甚至有时候会幻想，终于可以伤害那些曾经伤害你的人，可以获得公平、实现报仇。但是，与其试图去控制或挽回一个伤害性的情景，不如集中精力控制你对它的反应。

治疗坏情绪最好的方法之一，就是原谅曾经伤害过你的人。原谅可以给你新的选择，让你生活在一个更加现实的世界。另外，如果你没有原谅过去的那些伤害，它们会永远存在你心底，这是你想要的吗？

原谅不是纵容或者为那些伤害你的事找借口，它意味着你要放下那些旧伤，继续你的生活。宽恕与评估他人的罪恶程度无关，也与他们意图的邪恶程度无关，那是因为原谅与其他任何人没有任何关系。

你是为了自己原谅其他人，不是为了别人。伤害过你的人甚至都不用知道你已经原谅了他们的伤害性行为，你的宽恕行为是你和你自己之间的事——无关他人。

培养自尊心

当你生气或者面对他人敌意的时候，你最重要的资源就是你的自尊心。尊重自己，就是知道尽管你会犯错误，你仍然是一个有价值的人。你或许在某个状况下出了错，但你只是一个人，不是神。每个人都不是完美的，从来都不应该指

望一个人做到完美。

不管生活中发生了什么事情，你都可以尊重自己。因为自尊心不依赖于得到你想要的东西——工作上的晋升、理想的伴侣、更高的收入——或者你有能力做到完美。尊重自己意味着接受这样一个事实，那就是不管其他人说什么，你都是无条件值得被爱的。

所有人都会犯错，有自尊心的人从他们的错误中吸取教训。你也应该从自己的错误中吸取教训，因为你不可能阻止自己犯错误。你可以采取合理的预防措施，但是预防过度你的努力只会适得其反——你无法控制还没有发生的事情，试着读懂别人的想法，你就能知道他们想从你这里得到什么，但这并不意味着你永远不会让他们失望。

当你告诉一个人你感到抱歉的时候，你不是在说你很愧疚，你是在表达一种遗憾，遗憾自己不是完美的。人类的不完美是有些遗憾，但永远不会因为不完美而受审判。

写日记

当我想到写作的力量时，我会想起从前的一个客户。约翰曾在伊拉克服役，他看起来是那种会参加地狱天使摩托车俱乐部的人。

约翰并不是自愿来找我的，在他的一次酒驾听证会上，他对法官的话表示反对，并向法官席提出指控，在此过程中折断了自己的两根肋骨，法官命令他进行情绪管理咨询治疗。

我们第一次见面的时候，约翰认为他的情绪爆发和肋骨摔断都是法官的错，而法官还命令他去接受治疗，这让他更加无比生气，我建议约翰把他的感受写下来。

“不可能，”约翰厉声说，“不会有用的，何况我也没时间写。”

“那么，”我告诉他，“你有一个选择，你现在采用的情绪管理方法对你来说是没有用的，你可以继续这种做法，并希望能有不同的结果。或者，你可以试试写下来的方法。”

我给了他一个黄色便签拍纸本，约好下周再见。

当约翰再次来见我的时候，他递给我那个便签拍纸本，“给你，医生。”

我快速翻看了几页，发现每一张上面都有约翰随意潦草写下的咒骂语，我面无表情地问他写下来的感觉怎么样。

约翰终于挤出了一个笑脸。

“确实好一些了。”他承认道，“我不像过去那么紧张了。”

我又给了他一个黄色便签拍纸本。

“接着写。”我说。

揭开痛苦记忆的过程就像剥洋葱一样——它可能会散发出臭味，让你哭泣，但这正是治愈你的方法。

把你的经历写下来看起来或许是违反常理的——你可能希望忘记你的悲伤与痛苦——但是，写日记可以帮助你释放痛苦的情绪，更加客观地看待事物，而不是留恋过去的感情。写作还可以帮助你获得洞察力，看清楚愤怒的想法是如何影响你解释事件的，你能够控制如何以及何时表达你的感情，因为感情不可避免地都要被表达出来。当你把自己的想法抽象地锁在脑海里，就无法评估它们在多大程度上反映了你的实际生活和真实的你。但是，当你将自己的想法变成黑纸白字的时候，就可以开始理出头绪了。

为了以一种切实可行的方法衡量你的坏情绪，请先回答下列问题：

你写的是什么情况?

____

____

____

这个情况最糟糕的是什么?

____

____

____

这个情况让你感觉如何?

____

其他什么时候你有过这种感觉？

回答完这几个问题之后，再回到第一个问题，然后重复这个过程。一遍遍问自己这些问题，直到你发现了一些看似毫无关联的记忆或经历。打开痛苦记忆的过程就像剥洋葱一样——或许气味很难闻，会让你流泪，但只有这样才能治愈你。

你也可以通过给伤害你或者冒犯你的人写信的方式来写下你的坏情绪，当时你可能无意识的或者无法接受的感受，在你把它们带入你的意识并使它们具体化时，通过化解你有意识的理性的大脑与你有意识或无意识的情绪反应之间的冲突，你可以向前更进一步。

为了让写日记的做法发挥最大作用，你可以养成几个习惯：

为写日记预留出固定的时间。早上一起床就打开你的日记本，可以帮助你记下昨晚的梦，也有助于计划这一天，睡觉前写日记可以帮助你回顾这一天。

固定一个地方写日记。可以是你的写字台、一把舒服的椅子，甚至公共场所如公园或咖啡店也可以，也可以是商场的美食广场。

用一些道具如喜欢的钢笔或者特别的本子。你或许会发现，只是拿起你的笔或者本子就会让你思绪万千。

当你把你头脑和心里的所思所想写下来的时候，获得的不只是管理情绪的能力，还有你情感的正当性。你确认了对自我的感觉，让你作为自己这种存在具有合法性——而不是作为一个儿子、兄弟、丈夫、朋友或员工——在真实的世界，在真实的时间，而不是在你的梦里、想象中或者幻想里。你掌控着局面——行动，而不是回应。

下面还有几个问题可以帮助你让想法和记忆源源不断：

在你写的这个情况下，想要实现什么？

如果已经实现了你想要的，长远来看，那会怎样影响你的生活？

这种情况最理想的结果是什么？

你会给处于同样情况的其他人什么建议？

这个情况让你最生气的是什么?

你最生谁的气?

你还有其他什么感觉?

这个情况后来进展如何?

随着情况的发展，你大脑里想的是什么?

当时你的生活如何？

现在只是想想这个情况，你有什么感觉？

这个情况有没有让你想起来与这个情况不相关的其他人？

你从这件事中学到了什么？

那个时候，什么会让你高兴起来？

如果你当时做了让你高兴起来的事，可能会有什么负面结果？

什么可以阻止你做让你高兴起来的事？

在做让你高兴的事之前必须发生什么？

如果当时做了让你高兴的事,你的生活会有哪些不同？

自我评测

在本章，我们学习了对坏情绪采取不同行为的方法，读到了专注于当前的意念法技巧，以及怎样注意到身体告诉你的信息。在情绪失控时，也给你介绍了危机技能，比如，暂停技巧、TIPP技巧。我们探索了用认知行为情感疗法技能来管理愤怒的想法，通过谈话、写作、搞艺术等方式来处理坏情绪。最后，我们关注了释放坏情绪的方法。现在，请写下哪些信息对你最有帮助，你计划采用哪些技巧和技能来帮助自己走出坏情绪。

第4章 学会应对情绪冲突

为肯定性讨论奠定基础

这是他们的第十个结婚纪念日，在第一次约会的餐厅，比阿特丽斯和丈夫哈里斯面对面坐在靠窗的座位上。桌上烛光闪闪，正中间的花瓶里插着粉色玫瑰，一切看起来都那么浪漫。但比阿特丽斯并没有注意到这些，她愤怒、怨恨，强压怒火。她看着哈里斯想，他看起来多么自鸣得意又自满。哈里斯一直在回复商务伙伴的手机短信，偶尔看看比阿特丽斯，浅笑一下。哈里斯他们正在做一项交易，如果做成的话，就会“像特朗普一样富有”。但比阿特丽斯完全不在乎，她厌倦了哈里斯的“大事业”和以自我为中心。“如果我现在走掉，我打赌他甚至都不会注意到！”她生气地想。她觉得哈里斯不听她说话，不理睬她，不爱她。

有时候，你很想让别人与你有心灵感应，能理解你、接受你、改变行为，结果却被对方伤害，最后自己往往感到沮丧。你努力地与对方沟通自己所思所想、所需和所好，却不奏效，导致了你们之间发生怒气冲冲、毫无意义的争论。你终于强忍怒火，不情不愿地把自己的观点讲明白了，而这被强忍的怒气，最后还是会以间接的方式、在错误的时间、对错误的人表现出来。

而另一方面，否认自己的愤怒，或试图抑制它，避免积极外向表达，会导致关系虚化、产生距离感，同时也会阻止你说出自己的真实情况。如果不适当表达愤怒、完全避免表达愤怒、隐藏自己的坏情绪导致工作关系、家庭关系、社区关系等受损，那么最好的修复方式就是高情商应对冲突。

应对冲突，并不是说所有参与方实现和平默许就可以，而是要诚实地、直接地、清晰地、尊重地表达你自己的意愿、需求和喜好。此外，还要不设防地聆听你周围重要人物的意愿、需求和喜好，这需要勇气和毅力。如果做得恰当，可以使人际关系更快乐、更亲密、更有效。

幸运的是，我们有很多优秀的关系沟通大师，本书引用了其中两位。

马歇尔·罗森伯格（Marshall Rosenberg）是临床心理学家，他开发了非暴力法，用于富有同情心地与他人沟通并和平解决问题。

约翰·戈特曼（John Gottman）是临床心理学家，他与妻子朱莉·戈特曼（Julie Gottman）共同创立了戈特曼研究所（Gottman Institute），开展关于婚姻关系、家庭关系的研究和培训。

这些专家技术成熟，用具体技能指导我们更好地应对冲突。

第 1 节　高情商的人如何应对冲突

如果你打算带着强烈负面情绪尝试讨论，那么至关重要的是，学习如何让讨论高效进行，必须先满足某些基本条件，然后才能进行高效讨论。在你陷入情感冲突之前，先问自己以下问题。

如果你情绪高涨，但对这些问题的回答是“是”，那就可以尝试与另一个人解决某个问题。如果对这些问题的答案变成了“否”，不管在什么时候，暂停，暂时结束讨论。如果可能的话，表达一下意愿，表示你想在情绪比较平静时重新开始讨论。

1. 你能够识别自己的感受并衡量其强度吗？

如果是，请继续问题2。

如果否，请终止讨论。

2. 你能不能使用适当的语言技能来谈论自己的感受，而无须叫喊或骂人?

如果是，请继续。

如果否，请终止讨论。

3. 你是不是坚信自己有权感受自己的感受，并追求适合自己的事物?

如果是，请继续问题4。

如果否，请终止讨论。

4. 你是在情感上、心理上、身体上都安全的环境中谈论自己的感受吗?

如果是，请继续问题5。

如果否，请终止讨论。

5. 你的讨论伙伴愿意倾听你的情绪，并与你解决冲突吗?

如果是，请继续讨论。

如果否，请搁置讨论，等条件正确时再继续。

第2节　争论时我们都在想什么

你有没有经历过安东尼和玛丽亚之间这样的争吵呢？

玛利亚：安东尼，你迟到了。

安东尼：我没有迟到，你告诉我8点钟过来。

玛利亚：我没有这么说过，你总是胡编乱造！

安东尼：我才没乱说，我总是很准时。

玛利亚：安东尼，你为什么不能承认你错了？

安东尼：我又没做错什么！是你在撒谎。

玛利亚：你为什么总是想着自卫？

安东尼：我没有想着自卫！

玛利亚：你有！你现在就在为自己防卫辩解。

安东尼：不，我没有。

安东尼心里是这么想的：

· 他认为玛利亚说他迟到了是在对他进行个人攻击。

· 他对两人争论的理解是，这不仅关乎他应该什么时间到，而且关乎玛利亚对他的指责是不对的，因此关于他个人的正直和价值的指责也是无中生有的。

· 他认为如果他不为自己的正直辩护，他不仅需要为玛利亚的不幸承担责任，还要为迟到承担罪责、过失和指责。

或许安东尼迟到了或许他没有迟到，这都没有关系。上述争论真正的问题在于，安东尼感到自己情绪失控，因为玛利亚认为他迟到了。只要安东尼把玛利亚的话当作个人攻击，他的反应就只能是自我防卫，他们的冲突还会继续升级。

通常的情况是，如果你在一场争论中心存戒心，只想为自己辩解，那是因为你认为你需要纠正对方的错误，改正他或她对你的错误看法，这是在“做正确的事”。但是，你没有意识到的是，纠正对方的错误不是你的职责——你自卫也根本起不到作用。相反，你的防御性攻击，只不过是在你的心的周围建立了一面保护墙，这面保护墙可以让你免受情感痛苦。

谁是对的？谁是错的？

从上述例子中我们可以看到，当你认为事情是针对你个人的时候，你最终总会为自己的观点辩护，来反驳别人的错误指控。不过，你的错误就是把那些指责太当回事了，认为它们就是字面上的意思，就是针对你个人的，太当真了。

当你这么做的时候，就选择处于一个有法官和陪审团的假想法庭上。一旦你站在了那个法庭上，就不得不为自己的清白提供证据："你说我从来不听是什么意思？你说给水管工打电话，我打了。给——看电话账单！"你可能甚至会请一名专家证人出庭作证："我没有总是怪你！问问我弟弟——他会告诉你的。"但是，这些法庭式的举证法却很少能让对方改变看法，所以你的辩护都是无效的。

你没有证明自己是有道理的，你暴躁地对别人的指责进行打击报复，这只能加重你的痛苦，让这种带有糟糕情绪的沟通进一步升级恶化。

重新考虑一下“应该”这个词。比如，当有人说“你应该这么做这件事”的时候，“应该”这个词暗示着这个人最了解情况——或许那个人真的最了解情况。但是，如果你认为别人说“应该”是在指责你做错了，就应该感到愧疚，需要受到惩罚，那么，你就立刻带着你所有的推理、事实和辩护，站到了那个假想的法庭上。如果你认为“应该”这个词表明你个人能力不足，把两个平等的人之间的意见不一致，转化成了关于支配与服从的斗争，因为你满脑子里想的都只是谁对谁错。

相反，试着把“应该”这个词理解成只是表达另一个人对某种做事方法的偏爱。他或她就像你一样，有权拥有自己的喜好。如果你跟其他人的喜好不同，就不会感到愧疚，也不需要为自己辩护。而且，如果另一个人对某种方法的偏爱，真的反映出更好的经验和技巧，那么你可以做出明确的选择，要不要也采用这种喜好，因为你们两个谈论的是个人的经验和看法，而不是关于对与错的客观问题。

沟通中的常见错误

对于一个棘手的问题，良好的沟通不一定非得达成一致意见。事实上，经常与和你有分歧的人交谈的一个好处就是，你会发现你们的不同意见对你们两人来说都是很有启发性的。

但这必须要思想开明，你们两个必须都愿意倾听对方的观点。当你发现自己在与他人谈论一个敏感的、可能会引起争论的话题时，你有没有犯下列常见的错误呢？

· **说得太多。**当你需要与某人谈论两人之间棘手的个人问题时，有可能你会先谈论与该话题相关的问题——含糊不清，试图用礼貌的口吻，希望你的听者可以明白你要传达的意思。还有一种风险是，随着你不停地说，你会说一些让你的听者采取防卫心理的话。但是你用越少的词汇来打开对话、解释你所看到的问题，你们的对话就越顺利。

· **认为你掌握了所有的事实。**当你对某事的想法很坚定的时候，通常你都坚信自己已经掌握了所有的事实，很清楚地知晓事情的来龙去脉。你也很确定你知道谁是对的（你）和谁是错的（对方），所以你展开对话的主要目的就是要让对方同意你的观点。然后，对方反抗得越多（可能是在努力提出他或她自己的观点），你就会越用力地想要实现你的目的。但是，即使你曾经可能掌握过某件事的所有事实，你也不可能总是对的，因为那是非常罕见的。进行对话的时候，做好要倾听的准备，认真听取一下对方的观点。

你可以通过以下方式表明你在倾听：点头，说“我明白了”，转述对方的重要观点（“那么你的意思是……”）用自己的话重复对方的话的目的，不是要做一只重复别人的鹦鹉，而是创造沟通和对话，同时帮助自己记住你们两人谈论过的内容。

· **没有看到自己在问题中的角色。**很容易把每一个问题都看作是其他人的错。但是，如果你牵扯其中，那么你多少总会有点问题的，你需要记住，你的角色至少与对方的角色一样。

· **立即开始行动。**当面对一个麻烦的问题时，人们很容易立即提出一个解决方案，这样对话就可以很快结束。但是，慢一点，你需要听听对方的说法，需要让对方知道你听到了他或她的观点，看到了他或她的情感。如果你着急推出解决方法，对方很可能不会太投入到该方法中，结果也会显示出这种脱离的影响。你会以为你已经解决了问题，事实上却发现什么都没有改变，你快速退回到了起点。

· **不理解你声音的重要性。**你的声音所传达的情感会比你实际所说的话更有影响力，也更容易被人记住。如果你大喊大叫，你可能认为你是在强迫对方倾听，但事实上是他或她在等着你停一下，这样他们才能针对你的语言攻击进行防卫辩护。提高嗓门会产生一种压力和紧张感，你的声音越大，愤怒就会越强烈，发生肢体冲突的风险就越大。一定要调整你的声音，确保你的音量和语调没有传递出攻击或者统治的信息，对待事情，要情绪稳定地传达自己的观点。

· **无视个人空间。**如果你与对方站得或者坐得太近，会

让对方感到不舒服。但是，如果你站得或坐得太远，对方可能会认为你冷漠无情。观察对方向你靠近的动作，尤其是远离你的动作，以便保持两人合适的距离。如果你看到自己离得太近，就向后挪一点。

· **不理解沟通的目的。**问问自己，通过与另一个人谈论你们之间棘手的问题，你希望实现什么目的。你把对方看作是你赢得一场争论的机会吗？还是寻找一个解决方案和更深入理解的机会？如果你想要的不过是证明某事、扯平报复，或者让你自己看起来更好，那么，这个对话不是沟通，而是哗众取宠。

写下你情绪失控时的心理活动

防卫心理是如何让你情绪失控的？

____

你什么时候认为反驳别人对你的错误看法是你的职责？

____

第3节　超越自我防卫

在面临他人的批评或攻击时，你可以采取具体的措施减少你的防御与自卫。你可以学习谈论你的感受，而不是为你“案件”中的“事实”争辩。你也可以选择不与对方相对抗，可以积极控制你当下所拥有的现实选择，可以学着从情感上脱离引起情绪失控的事件。此外，当你对他人的批评或伤害性行为做出出乎意料的反应，或者你以一种认同他人情感现实的方式做出反应时，你会说些什么或者做些什么，你就是在通过不自卫的方式保护自己，同时化解了一个批评者或攻击者。

不要为你的案件争辩

让我来告诉你R夫妇的故事吧，我最近在办公室接待了

他们。当他们走进办公室的时候，他们重述了那个周五的争论。那天早上，他们醒来之后原本在相互亲密地拥抱对方，但是，R先生感觉到他的妻子在抵抗。他对她厉声呵斥，她开始自卫，R先生大声叹了一口气，下了床。他们吃早饭的时候没有说话，当R先生晚上下班回到家的时候，R夫人正在厨房里。

R先生：晚饭吃什么?

R夫人：肉馅糕。

R先生：肉馅糕?还是这啊?我们每个星期五都吃肉馅糕。

R夫人：你喜欢肉馅糕，你星期五都是要吃肉馅糕，不吃别的。

R先生：偶尔一次不吃也挺好的，吃点别的——比如鲑鱼肉排。

R夫人：我不喜欢鲑鱼，你知道的。

R先生：但是我喜欢鲑鱼，如果你肯试一试，说不定你也比你想象中要喜欢鲑鱼。

R先生和R夫人在重述这个对话的时候，他们告诉我对话时的火药味尤其浓烈。他们不明白为什么他们当时那么生气，彼此都不知道对方为什么因为肉馅糕还是鲑鱼这样的鸡毛蒜皮的小事而大发雷霆。我给他们解释说，他们表面上的不同意见是关于肉馅糕和晚饭习惯，但他们真正的争论是关于他们的情感，这与那天早上他们没有化解的紧张情绪有关系。在人与人的关系中，忽视或者隐藏情感会造成紧张，明白这一点很重要。

学会准确谈论你的情感

简单清晰地谈论你的情感，会让你感觉很脆弱，但是，这是你学习管理情绪需要掌握的非常关键的技巧之一。当与其他人之间出现意见不一致的时候，你可能会使用下列无效的策略：

- **证明你是无辜的**。“我没有做——我发誓！”
- **下达命令**。“控制一下你自己。走开，让我静一静。”

· **为他人承担太多责任**。“让我来做，你只会把事情搞砸。”

· **预测未来**。“如果你不立刻停下来，后果将会很严重。”

· **诉诸逻辑**。“要讲道理，用用你的脑子！”

· **强迫同意**。“你错了，那完全是假的。”

· **否认对方情感的合理性**。“我为你做了这么多，你没有权利对我发火。”

· **反讽或者取笑**。“哇，看看你的大红脸，看起来真的很好看啊。”

证明你的无辜是如何让你愤怒的？

____

____

____

下达命令是如何让你愤怒的？

____

____

为他人承担太多责任是如何让你愤怒的？

预测未来是如何让你愤怒的？

诉诸逻辑是如何让你愤怒的？

强迫同意是如何让你愤怒的？

否认对方情感的合理性是如何让你愤怒的？

反讽或者取笑是如何让你愤怒的？

避免敌对

我们说的敌对，是指批判、指责或者威胁恐吓行为，目的是获取他人的注意力、释放敌对者的情感痛苦。当你感到生气的时候，你的逻辑思维会被情绪和防御的浪潮击溃。你就容易受到他人敌对行为的伤害，可能会饶有兴趣地以敌对行为报复对方。但是，如果你卷入了这种拔河争夺赛，你的幸福就会受到破坏。如果你的对手不能像成年人一样做事，那么就由你来决定是否要像成年人一样行事了。

但是，在能够有效回应他人的情绪之前，你必须要能够先识别并释放你自己的坏情绪。你必须对自己进行情感急救，在能够开始正确理性地思考之前，你必须先让自己停止流血。在战斗的情况下，首先考虑自己是绝对合适的，给自己情感上的急救，就是首先照顾好自己，只有这样你才能做一个体贴的丈夫、慈爱的父亲、孝顺的儿子、慷慨的兄弟、友爱的朋友或者称职的员工。

如果能管理好自己的情绪，那么不管别人如何对待自己，你都可以像一个有自尊的成年人那样处事。但是如果你无法管理自己的情绪，就会让自己一次又一次地被他人激怒。

像个成年人

他人的敌对是如何让你产生愤怒情绪的？

____

有没有一段时间，你避免卷入与对手对抗的争夺赛？你是怎么做到的？

做出正确的选择

治疗自卫防御心理的解药，就是明白你自己掌握着自己当前的选择。若想对这些选择采取积极控制，你必须做出积极的努力。比如，下一次你情绪失控的时候，提醒自己，你现在拥有你小时候所不具有的选择。当你是个孩子的时候，你试图用错误的方式来控制自己——发脾气或压抑你的不良情绪。但是现在，作为一个成年人，你可以选择通过简单明了地说出你的感受来表达你的不满情绪，而不是争论、喊叫或者为自己辩护，你可以从自尊的角度做出反应而不是从发泄情绪和防御的角度做出反应。

当别人伤害你的时候，你总是可以选择如何回应。你或许认为自己没有这样的权利，实际上你只是不喜欢你的选择。

练习脱离

当你把他人与他们的行为分离开时，就是在练习脱离。若想学会从一个处境中进行情感脱离，首先要学会在对他人的挑衅做出反应之前花点时间思考。在这个时间内，你可以问自己，这种挑衅行为是不是针对你个人的，或者这种行为是不是源于对方的恐惧、愤怒或者痛苦。

如果你能够将上述两种情况分清楚，就可以在你自己与他人的行为之间拉开更大的情感距离。但是，一定要记住，练习脱离不等于设置壁垒，你的目标是和解你自己和你与他人的关系，而不是冷漠地与他人保持距离，尤其是不要在你和你重要的人之间设立障碍。

当别人的话语或者行为将你激怒的时候，你退后的方式，就像你面对这个人咳嗽或者打喷嚏一样。

失控的感觉是如何让你愤怒的？

____

____

____

做出乎意料的事

总是提醒你自己，对方是在获取注意力，并试图用他们自己不正常的方式来治愈他们自己的痛苦。这种提醒反过来可以帮助你记住不要认为他们伤害性的行为是针对你个人的，不要以字面意思理解他们的话。既然对抗者并不真的关心你的感受或想法，你总是可以选择把你的感受和想法留给自己。但是选择不为自己辩护，或者不以敌对回应他人的敌意并不等于消极地允许自己成为一个受气包，相反，你可以通过说出一些真实而中立的话来回应：

·**“看起来好像我真的很难相处。”**说这句话不是在同意所谓的事实，而是在承认对方明显的感受。

·**“发生那样的事肯定让你很生气，我不怪你，换成是我，我也会生气的。”**这句话很合适地认可了对方的愤怒以及他或她作为一个人的价值——以及你自己的价值。这同时也给对方词汇——愤怒情绪，来表达他或她的感受。这句话很有用，因为很多人都知道“不高兴”是没有问题的，但是愤怒情绪却并非如此。

·**“我很抱歉你感到如此生气。”**这并不是说你应该接受别人的态度，这只是在表达适当的遗憾，你对对方如此强烈的情绪表达以及情感痛苦感到遗憾。

·**“你因为我告诉你我的感受而发脾气，这让我很生气。”**这句话只是在陈述你对对方行为的反应，不是在说对方是错的——或者对的。你也没有在为自己辩护，你只是在报告你当时的状态。

这些话不是自卫，它们也不是反击，它们让你获得掌控权，因为你是那个选择营造“合作是可能的”氛围的人，这是解决任何问题的第一步。

下面还有一些中立的话，你可以用来化解你与批评者或者攻击者的关系，避免争论他人的偏爱或标准，避免因为自卫而同样陷入情绪困境：

- “你这里真的有问题，我不知道应该告诉你什么。”
- “真糟糕，对不对？”
- “我不知道你是怎么承受这件事的。”
- “我从来没有那么想过这个问题。”
- “你或许说得对。”
- “那样会很好，不是吗？”
- “有时候看起来就是那样，对不对？”
- “我知道你是好意，是为了我好，但是我喜欢我的这种做法。”
- “谢谢你让我注意到了这一点。”

·“我肯定你会想到一些事的。”

·“我能看出来你生气了——你在大声喊叫。”

·“那是一种理论，不是吗？”

·“我明白你想表达的意思，我很感激，我会没事的。”

·“我完全同意——我只是不确定这样做是否有用。”

像上述这样的话，有些不一定真的有多少道理，你只是在使用它们来限制其他人的行为和你自己的防御。但是，一定切记：永远不要以一种挑衅或者对立的方式说这样的话。说话的时候，慢慢地、柔和地、深思熟虑地、清楚地，让你的语气保持中立。

第 4 节　六个必要的沟通技巧

基于上述的冲突而言，通常来说，可以利用基本的沟通技巧来加强你交流能力，这些技巧对改善艰难讨论的结果尤其有效。你可能听说过这些技巧，特别是其中的自信技巧。就是说，当你自信地行动、自信地说话时，你表达需求、意愿和喜好的方式不会伤害到自己或其他人。自信技巧中所包括的具体沟通技能是可以学习的，定期练习这些技巧很有好处，这样，当你在争论中情绪高涨且难以清晰思考时，仍然可以使用这些技巧。

说话技巧

如果你在有冲突的讨论中发言，请使用以“我”开头的表述句来声明你掌控着自己所说的话以及自己的感受。

在《艰难对话：如何讨论最要紧的事》(*Difficult Conversations: How to Discuss What Matters Most*)一书中，作者建议：

当你有发言权时，要表达清楚，专注于当前主题，专注于当下。就你所看到的问题做表述，表述要具体、简洁，用“我”和“我感觉”开头的表述句。通过清晰直接的方式，以尊重的态度来表达你的需求、意愿和喜好。不要提那些与当下不相关的已经过去的事，不要支配对话，不要支配对方或其他人。时不时问一些开放式问题，确保对方能跟上对话并理解你所说的内容，一定要征询对方的反馈意见。

在对话艰难时，你的首要任务不是说服、打动、欺骗、智取、改变或赢过对方，而是要表达出你所看到的，你那样看的原因、你的感受，以及或许，你是谁。比口才和智慧能让你走得更远的，是自知之明和自信。

主动聆听

要耐心并尊重地聆听正在与你争论的对方，这很难做到。当你听到一些你不一定喜欢的关于你自己的事情时，要做到不插话或不反驳，并不容易。但是，以不设防的方式聆听，对于减少冲突、达成积极解决方案来说，非常有帮助。积极聆听，能让你复述你认为自己听到的对方所说的话。这样做有助于通过询问这是不是对方的真实意思表示，来检验你做出的假设。认真聆听也意味着，要注意说话人的肢体语言、姿势、声音、语调，以及所说的话所隐含的内心感受。

结婚纪念日那天在一起时，哈里斯一直在打电话、做业务，过后，比阿特丽斯决定与他谈谈这个事。比阿特丽斯曾与小组其他女性讨论过，该怎样开始与哈里斯谈这件事——这个她对哈里斯怨恨的纪念碑式事件。她决定从具体问题开始：哈里斯不断地使用自己的手机。比阿特丽斯挑选了一个星期天的早晨，当时两人都在家，没有其他必须要做的事。

早餐后，比阿特丽斯请哈里斯坐几分钟，和他谈谈重要的事，哈里斯小心翼翼地同意了。他们坐在起居室里，比阿特丽斯选择坐在哈里斯对面。她用练习过的挺拔坐姿坐着，双臂没有交叉，松松地抱着膝盖，哈里斯期待地看着她。

比阿特丽斯：哈里斯，我想跟你谈谈我们结婚纪念日出去吃饭那天的事情，因为我着实受到了困扰。

哈里斯：是的，那个餐位不容易订，我不得不打电话找人帮忙，才订到了想要的那张桌子。

比阿特丽斯注意到，哈里斯看起来很焦虑。

比阿特丽斯：我很感激你那样做，但当我们吃饭时，你开始发短信、打电话，这我并不感激。

哈里斯：我知道，我知道。他防御性地说着，眉头紧蹙、嘴唇哆嗦，我当时在告诉团队，我只需要几个小时，但是出现了紧急情况！

比阿特丽斯注意到了自己内心的愤怒感觉，她的心跳加速，呼吸急促。她本来想反驳说，哈里斯总是把其他事看得比她更要紧，但她还是努力保持住了自信的身体姿势，面无表情地深深吸了一口气。

比阿特丽斯：我知道你压力很大，但我想要的是当我们在一起时，特别是在像周年纪念日这种特别的日子，能花点时间相互交谈一下。我们已经结婚10年了，应该尊重这10年的婚姻。我当时觉得，你花那么多时间在电话上，并不重视我们的周年纪念日，也不重视我。如果你是在周年纪念日之前或之后打电话，都没事。

哈里斯：好的，我明白了。实际上对这件事呢，我一直感到特别内疚。我知道这不对，但我不知道该怎么做。团队给了我特别大的压力，我不想让自己看起来像在偷懒，我有时真不知道该怎样推开这些事。

比阿特丽斯注意到，哈里斯看着地板、肩膀绷紧、牙关紧闭，于是她靠近，把手放在了哈里斯手上。

比阿特丽斯：或许，咱俩可以合计一下，看怎样为你的团队设定一些界限。说不准，这也可以让团队其他人的关系有所改善!

哈里斯轻轻笑了笑，握住了比阿特丽斯的手。

面部表情

俗话说得好，一个眼神胜过千言万语。在争论中，要用恰当的面部表情给对方或其他人传达尊重的态度。

在积极聆听和不设防说话的过程中，面部表情非常重要，不容小觑。在你说话或聆听时，嘲笑、愁眉苦脸、傻笑或翻白眼，都会让对方防御升级并降低对方的参与意愿。

如果你与某人的对话比较艰难的时候，请注意自己的面部表情，尽量保持目光中立，避免绷紧下巴，尽量不要皱眉。

就像上面的事例中，即使哈里斯说了一些激怒她的话，比阿特丽斯也有意识地努力保持面部表情中立。同样，如果有人嘲笑或傻笑，你可以指出其面部表情对你沟通能力的影响。比如，你可以试着说："我是想坦诚地跟你分享我的感受，但你现在正在傻笑，我觉得你并没有认真对待我。"

肢体语言

保持中性姿势，面向你正在交谈的那个人，自然地坐直或站直，姿势不要僵硬，这些技巧有助在对话中传达尊重感和参与感。在文化允许的范围内，适当保持目光接触。距离也很重要，太近可能会显得有威胁，太远又会显得不感兴趣或不愿参与。应传达开放的不设防态度，不要交叉双臂，手臂要放松。如果你注意到自己的肩膀以防御姿势抬起了，试着放下来。

一些参加过情绪管理小组的女性表示，在她们的原生家庭或文化中，并没有学到或被鼓励要在讨论或争论中保持自信姿态。有些女性被积极劝阻不要保持自信姿态，因为这种姿态被认为是不贤淑的、男性化的、讨厌的。但是，以不设防的自信姿态保持身姿，是非常有力的声明，令人肃然起敬，同时也给了对方尊重。如果你很难保持这种姿态的话，可以面对镜子练习，或与让你有安全感、支持你追求自己的目标的人一起练习。

隐含情绪

在具有挑战性的对话中，很难解读对方的言外之意这类无声线索。但这项技能很重要，练习解读无声线索可以让谈话更有成效。

在艰难谈话中，人们会通过各种线索来表达自己的感受，比如，恼怒地翻白眼，轻轻拍脚，或不耐烦地看向别处。但这些表达并不都是消极的，有时候，人们在表示理解时会点头，或用羞怯表情来表示尴尬。这些表达都表露出了谈话对他们的影响。

让我们再来看比阿特丽斯和哈里斯的事例。一开始，当比阿特丽斯跟哈里斯说想谈谈时，她注意到哈里斯看起来很焦虑，这提醒了比阿特丽斯，哈里斯知道出了问题。在讨论结束时，哈里斯承认，他不知道该怎样让同事不要在下班后打扰自己。比阿特丽斯注意到哈里斯压力很大，很紧张，她认为这是一个机会，可以帮哈里斯想个办法，不让别人打扰他的私人时间。

在艰难谈话中，关键线索往往是非语言暗示，其中包括肢体语言、声调和用词。这些暗示实际上是对方坏情绪背后的真实情绪，比如悲伤、焦虑、孤独、内疚、羞愧等。温和地询问对方的感受，可以帮助对方降低防御性。

酒精作用

如果我们的身体和思维状态不正常，就无法准确衡量自己的情绪失控程度。我们的顾虑会降低，会更难控制失控反应。如果你或与你有冲突的人在饮酒之后说话，那么谈话可能很快就会失控，饮酒会增加体内激素和神经递质（也称为去甲肾上腺素）的水平。回顾文字的内容会知道，去甲肾上腺素是在不良情绪被唤醒时，体内释放出的关键化学物质之一，它也会增加大脑和身体的冲动和兴奋程度。在大脑情绪波动时饮酒，也会导致挥发反应。

现在，请反思一下你作为沟通者的优势和挑战。一般来说，你的优势是什么？你面临哪些挑战？

____

____

____

想一想你在争论中所用的沟通技巧。你有什么优势？你面临什么挑战？改善过程中有哪些技巧帮到了你？

____

____

____

现在你可能已经注意到，与我们周围的重要人物进行修复性谈话之前，需要做的大部分准备工作更多地是与我们自己相关，而不是其他人。正如情绪管理小组某位女士开玩笑地指出的那样："天啊，我们学的80%都是与我们自己的感受和行为有关，我本来还希望能学到怎样纠正其他人的行为呢！"

在小组中，我们不断回顾这样一个理念，即，我们没法改变任何人，唯一可以控制的是我们自己的行为。所以我们的总目标是，努力改变我们自己的看法、想法以及情感反应。在探索修复性沟通的过程中，到目前为止，我们已经看到，得改变自己的消极想法和看法。我们同时也关注到，要在艰难对话中能够做到清晰说话、积极聆听、观察到与情绪相关的肢体语言，就要提升自己的能力。下一章我们将讨论修复性沟通。这个时刻很关键：学习更有效地表达自己的意愿和需求，改变对我们周围重要人物的做法。

自我评测

在本章，你学习了如何高情商地应对冲突。你明确了争论时我们都在想什么。沟通中要超越自我防卫，学习了六个必要的沟通技巧等。现在，请回顾一下对你来说本章最有价值的内容。

第5章 修复情绪化沟通

要求我们想要的和需要的，并要求他人改变

哈尼亚正面临一个极具挑战的工作谈话。目前，哈尼亚正在进行一个为期90天的绩效计划，目标是确保她在与自己的团队沟通时，保持适度专业。就是说，哈尼亚需要在工作中抑制自己爆发坏情绪，避免骂人和大喊大叫。

她的团队没能给重要客户按时提交工作汇报，她需要与汤姆——团队中的某个关键成员——好好谈谈，找出他负责的部分延迟的原因。在他们的上一次讨论中，她骂汤姆“懒惰、无能”，于是汤姆把她的言行报告给了人力资源部。面对这项艰巨任务，情绪管理小组给哈尼亚提供了支持，为了使谈话取得更好的结果，小组学员头脑风暴了她与汤姆进行这次谈话时能用的方式。

与某些业务经理和员工的想法不同的是，工作场所的消

极情绪必须得在解决问题的谈话中进行处理。根据《艰难对话：如何讨论最要紧的事》这本书提到的，解决这些消极情绪至关重要，因为“艰难对话不仅仅涉及情感，而且触及了情感核心”。

在哈尼亚的事例中，她必须承认汤姆对自己过去对待他的方式的感受，并给他空间来谈论感受。同时，她也必须解决由于项目延迟，以及汤姆在工作中的懒散，而让自己所产生的愤怒和沮丧。

第 1 节　非暴力沟通的四个步骤

非暴力沟通不仅概念化了身体暴力，也概念化了微妙的、日常的、人际交往中的有害沟通方式。道德批判、否定自主权和自由意志、提要求、自认为应得到特定结果等想法和做法，都会导致人与人之间关系断绝、同理心缺乏。

马歇尔·罗森柏格博士是新墨西哥州阿尔伯克基非暴力沟通中心的创始人，他创建了用于高效自信沟通的一个四步流程。罗森伯格模型强调的理念是：女性必须先以同情心与自己取得联系，之后，才能对他人感同身受。这四个步骤如下：

1. 观察。照实说出看到的或听到的，不加判断，比如："当我看到你回家晚了……"

2. 感觉。对所观察到的，用"我感觉"这种句式来表述你的感受。

3. 表达需求。说明当前情况没有满足你的需求，比如，“当我们谈论某事时，我需要你注意”或“我需要你帮忙清理屋子”等。

4. 请求。请求对方改变行为。

我们来看看，哈尼亚在与汤姆的艰难对话中对这些步骤的应用。

哈尼亚和汤姆的讨论

见面之前，哈尼亚花了点儿时间直面自我，了解并承认自己的感受。考虑到上次谈话发生的事，她很担心与汤姆见面，担心消极结果会危及她的工作。

但她也还在生气，因为汤姆并没有充分履行自己的职责。哈尼亚采取步骤来让自己的情绪缓和下来，以防身体进入战斗或逃跑模式。她有节奏地呼吸，安静地坐在椅子上，在密切关注自己呼吸的同时，只注意周围的细节。

哈尼亚有意识地承认但不关注自己的消极想法，相反，她专注于积极的鼓舞人心的想法，比如，“这很快会结束，瞧瞧我在生活中所成就的一切，所以这个我也可以做到。即使我失去了这份工作，朋友和家人仍然会爱我”。

哈尼亚继续有意识地深呼吸，甚至在呼吸时对自己重复“平静”这个词。她试着让紧张离开身体，努力保持一个注意聆听的姿势。汤姆走进她的办公室，坐了下来。

首先，哈尼亚为自己之前的互动方式向汤姆道歉。

哈尼亚：汤姆，我知道这次见面有很多事要谈，但我首先想为我上次见面时的表现道歉。我不该骂你的，我现在意识到这很不专业，特别伤人。

汤姆：我怀疑如果我没去人事部的话，你还会不会这么说。

哈尼亚继续有意识地有节奏地呼吸，密切注意自己的情绪。

哈尼亚：嗯，我是希望自己仍然会这样说，但我想现在只能这样了，只能从这里谈起。我相信我的话对你伤害特别大，我认为需要时间来证明，我是能够举止得体的。

汤姆：我现在不接受你的道歉，只有时间才能证明你是不是会守诺，是不是会改变。

哈尼亚：好吧，我能理解你的犹豫。正如你所说，我只能边走边证明我的改变。现在让我们转换到需要讨论的主题吧，那个延期了的项目，阿佩克思（Apex）委托的那个。

汤姆：好。

现在，哈尼亚遵循非暴力沟通的四个步骤，来跟汤姆着手解决工作效率问题。

观察。

哈尼亚：汤姆，当我看到你长时间不在电脑旁……

感觉。

哈尼亚：我很沮丧，担心项目没有推进。我特别担心如果我们赶不上重要的截止日期的话，会给我们整个团队带来麻烦。

汤姆：好吧，我实际上是在跑来跑去地与那些没有回复

我该项目电子邮件或语音信息的人试着沟通。实际上，你如果能偶尔支持我一下，帮我获取所需信息的话，就太好了。

表达需求。

哈尼亚：我现在听到了你所说的，我愿意帮忙。当项目出现问题，你遇到困难时，我需要你告诉我，以便让我可以想办法帮你。一旦你知道有问题，我需要你跟我沟通，那我就可以提供帮助了。

汤姆：我会试试，但很多时候，你也不在办公桌前啊。

请求。

哈尼亚：好的，你发现问题后，请马上发电子邮件或打电话给我吧，我将不胜感激，我保证会尽一切努力支持你。

汤姆：好的，听起来还不错。

在接下来一周的小组会面中，组员们纷纷与哈尼亚击掌庆祝，相互拥抱，因为她在这场艰难谈话中做得很好。

请思考并描述，在哪种情况下，你可以利用非暴力沟通的四个步骤来改善你与某人的关系。

这个人会是谁？你愿意努力改善哪种情况？请按步骤大概描述一下。

人、关系、情况：

观察到的：

你的感受：

你的需要：

你的请求：

第2节　如何与伴侣及亲友沟通

在参加情绪管理小组时，比阿特丽斯做了个重大决定。她决定与丈夫再讨论一次，告诉他自己在婚姻中总体上不开心，并请求改变彼此的相处模式。

约翰·戈特曼博士是全美知名的心理学教授，也是戈特曼研究所的联合创始人，该研究所为伴侣们提供资源和研讨会，并为咨询师提供专业培训。40多年来，戈特曼博士一直在研究伴侣间的沟通模式，哪些模式对改善关系有效，哪些模式不管用。

在《婚姻成功或失败的秘诀》（*Why Marriages Succeed or Fail*）一书中，戈特曼概述了四个简单步骤，用在亲密关系中，特别是在冲突期间，帮助改善伴侣间的关系。

1. 安抚自己。如果你正情绪泛滥，就不要进行谈话。我们在之前探讨过大脑和身体在发生愤怒触发事件时的生理变化，把它们记录下来。用TIPP技巧或暂停措施等，将你的反应性降到一个可管理水平（让它在愤怒等级1到10中，降到等级3或更低）。

2. 不设防地说话并聆听。只恭敬地听，不要试图反驳或打断对方，也就是说，要以任何可能的方式向对方表达钦佩和赞赏。

3. 肯定对方，肯定彼此的关系。尽可能地努力承认对方在艰难谈话中的感受，这对冲淡敌意大有帮助。提及相爱记忆或共同玩笑，对对方表示一下关心或担心，即使是正在冲突中，这些措施也都能帮助建立积极联系。

4. 反复学习：练习、练习、再练习。努力重复前三个步骤。练习很多次之后，你应该马上就开始看到了，你的沟通模式发生了一些积极变化。这跟学习任何新技能一样，需要练习、练习、再练习。

这四个步骤在我们与周围的各种亲密人物进行对话时都

管用，现在，让我们先来看看这些步骤在比阿特丽斯与丈夫哈里斯的讨论中，是怎样发挥作用的。

有一天，比阿特丽斯约哈里斯下班后在当地一家安静的酒吧见面，讨论他们之间的关系，哈里斯惊讶地同意了这个请求。

1. 安抚自己。跟哈尼亚与汤姆进行谈话前所做的准备一样，比阿特丽斯采取措施舒缓自己的情绪、思绪和身体，然后去与哈里斯见面。哈里斯迟到了25分钟，比阿特丽斯在等待时，反复练习这些步骤。

2. 不设防地说话并聆听。比阿特丽斯感觉先前的讨论取得了一定进展，于是试着谈更大的问题，即她在婚姻中总体上的不开心以及不平等，比阿特丽斯照着她自己几周来一直在排练的来说给哈里斯。

比阿特丽斯：哈里斯，到现在有一段时间了，我一直不开心。我常感觉被你忽视，你不尊重我。

哈里斯：不尊重你？什么意思？你是我的妻子，我所做的一切都是为了你啊！我是为了我们在工作，为了我们的生活方式……你知道的，我们的房贷有多高，汽车贷款有多少！你知道的，以你的工资，是贡献不了多少的。

对于哈里斯的这种防御姿态，比阿特丽斯已经做好了准备，她继续有节奏地呼吸。尽管她感到怒火正在上升，但仍然专注于她想说的话。

3. 肯定对方，肯定彼此的关系。比阿特丽斯希望谈话继续并保持高效，所以，她使用了戈特曼的第三个步骤——肯定对方，肯定彼此的关系，以便让自己的语气保持积极。

比阿特丽斯：我真的很感谢你所做的一切，你为赚钱付出了很多努力，但我觉得你没有把我作为一个人来尊重。比如，不尊重我的工作。我是一名教师，即使赚的钱没有你多，但这并不表示我的工作没有价值。

哈里斯：天哪，我没意识到我刚才在说啥。你觉得我不尊重你，这让我感觉糟透了。你是老师，这让我感到非常自豪呢，我经常跟人这样说。

比阿特丽斯：你告诉别人啦，太好了。（她笑了）但你偶尔也跟我说一次呀！

哈里斯：我知道这份工作占用了我太多时间，压力大得让我有时候表现得像个混蛋，而我也觉得你在疏离我……我也感到被你忽视了，我们最近都没有一起玩乐了。

哈里斯很自然地将讨论转移到了他俩过去的愉快时光。

哈里斯：我确实很怀念我们经常在周二晚上玩的益智闯关小游戏，你真的是无与伦比。你在政府和科学领域知道那么多，这太让我自豪了。

比阿特丽斯：嗯，我确实是有点儿喜欢炫耀。

4. 反复学习：练习、练习、再练习。这次谈话效果很好，虽然并非所有谈话都与这次谈话一样顺利，但这为他们之间后来的谈话开了个好头。他们之间有很多分歧需要解决，现在有了这个参照模板，可以让争论和讨论取得较好效果。

让我们来看另一个事例是怎样实施戈特曼的四步流程的。你可能还记得第一章在描述坏情绪的性别差异时，所举的布列塔尼和凯尔的例子。

布列塔尼和凯尔终于闹到了差点儿要离婚的地步，于是他们去寻求婚姻治疗。布列塔尼一直在向她的同事大卫倾诉，家里的状况是如何糟糕，照顾家庭要承担的所有责任是如何把她压得喘不过气。于是，已经离了婚的大卫，两个孩子的父亲，开始在周末凯尔不在的时候，时不时帮布列塔尼解决难题。有时候，他会把所有孩子都带到公园去玩，这样她就可以打扫房子，之后，他们所有人会在一起吃个午饭。或者，他会在去好市多（Costco）时，帮布列塔尼捎回她需要的东西。

很快，布列塔尼和大卫之间就形成了一个周末互助例程。但没过多久，凯尔就开始质疑这种“互助”，对大卫掺和他的家庭生活感到愤怒。他打电话给大卫，骂他，警告他：“要是再到我家来，你就走着瞧！”随后，布列塔尼和凯尔大吵一架，布列塔尼指责凯尔只是个缺席的父亲和丈夫，说他应该完全离开这个家。

凯尔则指责布列塔尼不忠。凯尔已经在沙发上睡了好些天了，也不跟布列塔尼说话。实际上，正是大卫向布列塔尼建议她和凯尔去做婚姻咨询的，他不想对他俩的家庭破裂负责。布列塔尼和凯尔找到了一位婚姻顾问，他用的就是戈特曼的方法。

咨询师：可以通过具体措施来改善你们的关系，我们可以试试一直在讨论的戈特曼策略，就你们婚姻的一个关键领域来进行对话。我们从哪里开始呢？

凯尔：好，首先我想谈谈布列塔尼的不忠。我刚一转身，她就跟另一个男人走了！

布列塔尼：我跟你说过无数次了，不是你想的那样！大卫是我的朋友，他是一个单身爸爸，而我，有充分的理由，也可能是个单身妈妈！我们只是在给彼此帮忙。

1. 让自己冷静。咨询师提醒布列塔尼和凯尔深呼吸并沉默几分钟，以平息他们的身体对愤怒情绪的回应。

2. 不设防地说话并聆听。咨询师提醒布列塔尼和凯尔平息自己的防御性回应，切实聆听对方所说的话。这很难做到，但布列塔尼还是尽力开了个头。

布列塔尼：一直以来，我都恳求你在周末不要出去，帮我照顾照顾孩子们，但你却总是出去打高尔夫，于是，我越来越受伤，越来越生气。

凯尔：所以你就去找别的男人？（咨询师提醒他，说话不要这么冲）好，看到大卫来家里，带着我的孩子外出，跟你在一起，我特别沮丧不安。

布列塔尼：大卫是我的好朋友，他跟我有差不多相同的处境。

凯尔：但他离婚了呀，你没有，你有丈夫。

布列塔尼深吸一口气，虽然她仍然在生气，但还是决定承担风险，肯定凯尔及他们的这段关系。

布列塔尼：是的，我爱我的丈夫，我想要花时间陪伴他，但他周末不在身边。

凯尔静静地坐着，咨询师问他在想什么。

凯尔：我知道布列塔尼说的是对的，只是生意、账单、辛苦差事等种种，让我压力特别大……我有时需要发泄一下，但我从没有想过去找别人来发泄。

布列塔尼：我刚说了，大卫和我一直在相互帮助。抚养孩子需要付出很多，有很多家务要做，我不知道你为什么看不到这些。

凯尔：嗯，你知道的，我妈曾经是全职主妇。她以前常会把家里所有事都打理好，而我父亲只负责工作。好像我妈自己也喜欢做这些事。

布列塔尼：这不一样啊。我又得全职工作，又得打理整个家，还得照顾孩子们。

凯尔（叹了口气）**:** 嗯，真希望我赚钱能更多点，这样我们就能过得更好点，你也就不用去工作了。

布列塔尼：你不用赚更多钱，我喜欢工作！如果你能帮忙做做家务，我们每个人就能更轻松，也会有更多时间在一起。

凯尔：我确实想跟你和孩子们一起度过更多的欢乐时光，

我只是不希望把这一切与工作和家务联系起来。

咨询师问布列塔尼和凯尔，能不能查看他们的日程安排，做出实际改变，以便均匀分担照顾孩子的责任及家务。并且提醒说，在继续商讨的过程中，他俩得反复练习上面三个技巧，而这并不容易做到。

现在，花点时间想想你周围有哪些关系可能会受益于戈特曼的四个简单规则。你能想象以不设防的方式与亲人展开一场艰难讨论吗？如果你遭遇伴侣的验证式防御，该怎么办？你可以说什么内容来肯定对方及你们的关系？

____

____

____

第3节　如何与孩子亲密沟通

芭比希望能找个办法与女儿沙妮亚谈谈，她想说说她的坏情绪爆发。芭比往往在她俩经过了一天的漫长工作和学习回到家后，就会发脾气。在睡前的几个小时，芭比得做晚餐，沙妮亚得做作业，然后芭比得确保沙妮亚洗个澡。芭比发现，自己总是急躁地干这些家务活，总是烦躁地盯着女儿，而女儿在度过漫长的一天后，跟她一样，也是又累又暴躁。芭比感觉自己像个受害者一样，没人支持，独自一人抚养这个孩子。

在情绪管理小组的帮助下，芭比决定，她想与女儿重新开始，重新设计她们的夜晚怎么度过，她想坦然面对自己的行为。芭比希望更好地管理消极情绪，从而为女儿树立榜样。

她决定为自己过去的坏情绪爆发向女儿道歉，希望用沙妮亚能够理解的方式来解释她的坏情绪，并给女儿空间来表达作为这些坏情绪爆发的对象，她是什么感受。她要选择一个俩人压力都不大、更放松的时间，来讨论这一问题。芭比决定在星期六与女儿一起吃冰激凌的时候，展开谈话。

芭比：沙妮亚，我想说，有时候当我们晚上回到家时，我很生气。我只是想让你知道，这并不是你的错，我正在努力，更好地应对我的愤怒情绪。

沙妮亚：那是谁的错呢?

芭比：我想这不是任何人的错，真的。压力像火山岩浆一样，在我身上越积越多，然后嘣的一声，我想我就爆炸了。

沙妮亚：是啊，太可怕了。

芭比：对不起，我这么暴怒，吓到你了。

沙妮亚：我不喜欢你那样，你知道的，妈妈，当你大发脾气时，真的需要歇会儿。

芭比：这个主意很棒，在爆发之前，我可能真是需要歇会儿。嗯，也许我们晚上回到家后，我可以歇会儿，你可以看会儿电视，这样我就可以平静地面对我们需要做的其他事。

花点时间，想想你与周围孩子或年轻人之间的关系。你愿意讨论你的坏情绪吗？怎样跟他们一起更好地控制情绪失控？想想看，怎样通过头脑风暴，减轻在家时与孩子之间的压力。请描述一下这个正在进行的对话吧，你想说什么？

____

____

____

____

____

自我评测

本章我们与哈尼亚一起应用了非暴力沟通的四个步骤，还了解了约翰·戈特曼用于改善关系的四个简单步骤，看到比阿特丽斯在与丈夫的谈话中应用了这些步骤。最后，我们看到芭比为自己过去的愤怒爆发向女儿道了歉，为今后减轻压力提出了建议。现在，请写下本章对你最有帮助的信息，你计划在将来尝试哪些技巧？

____

____

____

____

____

____

第6章 提升你的情绪力

第 6 章　提升你的情绪力

情绪管理小组学员会面已经快3个月了，马上要结束了。哈尼亚、艾米丽、玛格丽特、芭比、布列塔尼、比阿特丽斯她们对会面的印象很深刻，并且都为自己和彼此在管理坏情绪方面所取得的进步感到骄傲。现在，她们转向制订善后计划，提升自己的情绪力。每个人都担心会倒退，尤其是艾米丽，她正在进行法庭诉讼，希望有具体的策略来帮助她提升她的情绪力。

第1节　评测你的冲突风格

请完成下面的简短评测卷，以便更好地了解你自己的冲突风格。通过该测试，你可以发现自己的冲突风格是竞争型、合作型、妥协型、回避型，还是适应型。

冲突风格评测

请根据以下每个表述与你实际行为的一致程度，选择T（对）或F（错）。在回答问题时，回想与你最常发生冲突的人或情况。

1. 我往往愿意让别人来负责解决某个问题。

□T □F

2. 与其与对方陷入持续紧张状态，我更愿意让对方赢得争论。

□T □F

3. 争论时，必须由我来说最后一个字。

□ T □ F

4. 我宁愿花时间关注已经达成一致的事，而不愿协商分歧事项。

□ T □ F

5. 我认为，妥协是解决冲突的最好办法。

□ T □ F

6. 在冲突中，重要的是解决每个人所关切的问题。

□ T □ F

7. 在冲突中，最要紧的是达到自己的目标。

□ T □ F

8. 与冲突相比，维持关系最重要。

□ T □ F

9. 如果看起来支持对方更容易的话，我会放弃自己的喜好，支持对方。

□ T □ F

10. 即使我与某人有冲突，也总会要求那个人帮忙解决问题。

□ T □ F

11. 我不喜欢紧张，总会尽可能避免紧张。

□ T □ F

12. 我喜欢赢得争论。

□ T □ F

13. 我会尽可能地拖延冲突。

□ T □ F

14. 我会在争论中放弃一些观点，以获得另外一些观点。

□ T □ F

15. 在争论中，我会尽力确保所有问题和关注点都被考虑到。

□ T □ F

16. 不是所有差异都值得讨论。

□ T □ F

17. 在争论中，我会尽最大努力来占得上风。

□ T □ F

18. 为了维持关系，我会顾及对方的感受，在争论时安慰对方。

□ T □ F

19. 如果对方会在某些问题上让步，那么我也会。

□ T □ F

20. 在冲突中，我总能看到妥协点。

□ T □ F

21. 争论时，我总是尽力让自己的观点清晰明了。

□ T □ F

22. 在争论中，我会提出自己的想法，然后听对方的想法。

□ T □ F

23. 我会尽力说服对方，让对方看到我的观点有逻辑、有好处。

□ T □ F

24. 在冲突中，我不喜欢伤害别人的感情。

□ T □ F

25. 当看到马上要发生争论时，我会立刻走开。

□ T □ F

26. 我会尽力为各方找到得失平衡。

□ T □ F

27. 如果争论正在酝酿，我会躲开。

□ T □ F

28. 我赞成在冲突中直接讨论问题。

□ T □ F

29. 在冲突中，我会尽力在我和对方的立场之间找到一个折中办法。

□ T □ F

30. 我觉得，坚持自己的意愿很重要。

□ T □ F

31.在冲突中，我很乐意寻求自己意愿的满足。

□T □F

32. 如果对方的观点对他或她而言非常重要，我通常会屈服。

□T □F

33. 在争论中，我会试着保持安静，这样我就不会怒气冲冲。

□T □F

34. 几乎在每次争论开始时，我都会认为自己将不得不舍弃某些东西。

□T □F

35. 我想让每个人都尽可能满意地结束争论。

□T □F

现在，请加总得分。选择T最多的那一组问题，表明你的冲突风格（至少与你做题时正在考虑的人或情况有关）。

第1组：回避型（双输型冲突风格）。问题1、11、13、16、

25、27、33选择了T。

第2组：适应型（双输型冲突风格）。问题2、4、8、9、18、24、32选择了T。

第3组：妥协型（不赢不输型冲突风格）。问题5、14、19、20、26、29、34选择了T。

第4组：合作型（双赢型冲突风格）。问题6、10、15、22、28、31、35选择了T。

第5组：竞争型（一赢一输型冲突风格）。问题3、7、12、17、21、23、30选择了T。

——改编自托马斯·基尔曼冲突模式量表

（Thomas-Kilmann Conflict Mode Instrument）

由此看来，回避型和适应型冲突风格会导致双输局面。如果对话艰难，那么回避并不会让问题得到曝光和解决。同样地，如果争论中的一方或双方都屈服太多，也就是说不忠于自己，那么双方就都会输，因为结果不真实。

妥协型冲突风格提供了一种不赢不输的局面，对有关各方来说，更大程度上是一种中立结果。在这种情况下，任何一方都不赢不输，而问题也没有得到解决。

合作型冲突风格为所有相关方提供了一种双赢局面。需要每位参与者付出更多的努力和采用技巧才能达到这一理想结果。

最后，是竞争型冲突风格，这种情况下，有明显的赢家和明显的输家，导致一赢一输的结果。

请记录，通过上述简短评测所了解到的你自己的冲突风格。有没有哪个答案让你感到惊讶？你怎么看待自己所属的那种冲突风格？在下次与某人发生分歧时，你怎样应用更富有成效的冲突风格？

____

____

____

____

第2节　如何避免被激怒

需要采取一个涉及身体、精神以及情绪的整体性办法，来降低你对坏情绪触发事件的反应。这可能听起来像胡言乱语，但不管你喜不喜欢，人类在身体上、精神上和情感上都与自己的副交感神经和交感神经系统紧密相连。请记住，我们生来就拥有战斗或逃跑唤醒机制，以及相应的人体镇静系统。因此，如果你想要不那么容易被激怒，就必须照顾好你自己。

压力及管理

压力和不良情绪相伴而生，如果你长期以来没有抑制过自己压力的话，那你很可能也是易怒的。感受压力会让你更容易遭受一系列健康问题，包括心血管问题、体重超重、糖尿病等。研究人员指出，重要的不是我们周围的实际压力大小，而是我们对压力源的看法和态度。在现实生活中，无论我们感受到什么样的压力，如果想要管理我们的坏情绪，降低愤怒程度，就必须降低自身的压力水平。

避开坏情绪的触发事件

这也许说起来容易做起来难，但还是请花点时间，检查一下你的日常事务，找机会避免或消除当天触发你产生坏情绪的因素。你上班总是迟到吗？那就试着早点起床，这样你就可以早点离家并避开交通拥堵。与你关系一般的某个亲戚涉足你的家庭？那就在下一次聚会时，尽量避免与这个亲戚在一起，或限制与他/她在一起的时间。某个同事经常惹你生气？那就尽量限制与他/她互动，在接触时保持亲切、专业、简短。

意念、冥想和放松练习

很多参加过我的情绪管理小组的学员报告说，每周增加几次冥想时间，给她们带来了极大好处。我们是进行到第5周时，介绍了冥想练习，小组学员会在讨论开始前，进行5分钟冥想。有节奏地呼吸，展开想象，或做渐进式肌肉放松。后来，许多小组学员发现可以用下载的免费订阅应用程序让冥想更容易、更方便。

冥想不必复杂化，不必与任何宗教或哲学相联系。它只是一个时刻，允许自己静静地坐着，专注自身的呼吸，练习放下某些想法和感受。

评测：用来对抗压力的保护性因素

保护性因素是指，你周围正能量的人、活动和个人护理行为，它们可以从一开始就帮助我们防止某些压力因素发生，或帮助我们减少不可避免的压力因素的消极影响。

请做下面的评测，了解你周围可以对抗压力的保护性因素有多少。根据以下表述的符合程度，给每项从1～5分进行打分，1分表示几乎总是，5分表示从不。

_____1. 我生气或担心时，会与别人讨论自己的感受。

_____2. 我不吸烟。

_____3. 我会定期出门社交。

_____4. 我健康状况良好。

_____5. 我每周至少有4个晚上能睡好，醒来后精力充沛。

_____6. 我有机会定期给予并接受身体爱抚。

_____7. 我每天至少吃一顿完整、健康的饭。

_____8. 我每天都有安静的“自我时间”。

_____9. 我每周喝的酒不超过5杯。

_____10. 我每周至少玩一次。

_____11. 我的体重与身高成正比。

_____12. 在家里，我们会定期讨论家庭的共同问题（比如，账单及家务分工）。

_____13. 我每周至少参加两次有氧运动，每次至少20分钟。

_____14. 我每天喝的含咖啡因的饮料不超过3杯。

_____15. 我通常能够管理自己的时间，让自己不那么匆忙。

_____16. 我有一群朋友，我喜欢跟他们在一起。

_____17. 我有宗教或精神信仰，这让我感到安慰。

_____18. 我家50英里内，住着可以信赖的亲戚。

_____19. 我赚的钱足够支付我的基本需求。

_____20. 我有至少一个朋友可以信任并分享重要的事。

总分 _____

请将你写的数字相加，减去20，就得到了总分数。分数大于30，表示你对压力源是敏感的。分数在50～75之间，表示你对压力较敏感。分数高于75，表示你对压力非常敏感。

在保护性因素中，有的因素比其他因素更为重要。如果你没有足够的钱来满足自己的基本需求，没有安全的住所，没有足够的食物，没有可信赖的家人或朋友，那么你的压力将会长期处于高水平，可能会导致严重后果。

同样地，社会压迫会造成长期的生活压力，从而影响到许多基本的日常活动。我与许多客户都一起应对过这样的情况，有些人在无法工作之后，为获得社会保障残疾福利，已经等了好几个月甚至好几年。在等待期间，他们往往是处于赤贫状态。

而有些客户在无家可归之后，住在避难所，为了有房可住，成年累月地等待，还有些人经历了微妙的种族主义日常事件。我之所以创立非营利性社区心理健康服务中心，就是因为认识到，只有在满足了这些基本需求之后，心理健康状况才有可能达到良好。

如果你也有上述情况，那么管理好并自信地表达你的坏情绪，对你来说尤为重要。因为支票被拖延，而对你公司负责发工资的人大吼大叫，并不会让你更快得到报酬。正在处理你的租赁申请的人说你信用评分低，于是你骂他/她，这并不会帮你租到公寓。在像美国这样富裕的国家，很多人都是月光族，几乎没有安全资金保障，这不公平。但是，在人际关系层面上不加约束地发怒是不管用的，对你的个人事业也完全没有帮助。

——改编自新英格兰展望协会的压力管理评测

请记住，你是为了自己和重要的人的利益，来提升情绪管理技巧，所以，请找到你所在地区的可用资源。

贫困、社交及情感支持的缺乏，看起来似乎没办法克服。而且不争的事实是，寻找解决方案的过程漫长而让人沮丧，情感上也极其艰难。但是，如果以不适当的方式对人际关系中的愤怒情绪采取行动的话，只会让你的生活更加艰难。

花点时间，评估一下你用来对抗压力的保护性因素。你对自己所发现的感到惊讶吗？你在对抗压力的保护性因素方面的优势是什么？你面临哪些挑战，可以在哪些方面有所发展？

____

____

____

____

身体/思想盘点

通过个人盘点，来检视正在恢复中的人的生活内外及方方面面。可以说就像“清洁”工具，清除各种挥之不去的消极情绪、想法或记忆，以免它们伏击正在恢复的人。应用个人盘点，也就是抽检，只需要占用一小会儿时间。你可以在网上找到许多可用资源，并下载一系列应用程序，来指导你进行抽检。

个人盘点法已经在哲学、宗教及其他各种思想体系中存在了数千年，尽管个人盘点这种做法常常被忽视，但孔子、毕达哥拉斯、圣弗朗西斯·泽维尔等大师都曾经指出并肯定了它。它在定期记录自己的身体、情感和心理方面，是具有大智慧的。

这样做可以帮我们在遇到引起情绪爆发的事件时，阻止战斗或逃跑系统全面启动。只需要停下你正在做的事，就可以进行抽检。来，调整呼吸，检查脉搏，你有什么想法和感受？你的体内发生了什么？你的身体状况如何？深吸几口气，重复某个让你平静的短语，比如，“我现在没事”“这也一样会过去的”或者任何对你管用的话。

你可以通过以下方式，随时检视自己：

1. 在白天的不同时间，调整呼吸。感觉腹部进行了一两次呼吸，注意体腔的升降，注意身体感受。

____

____

2. 在以上时刻，了解你的想法和感受。不要下判断，只是观察它们。你在想什么，有什么感觉？

____

____

3. 你能在当天或之前发生的各种可能引起这些感受和想法的事件之间，建立起什么样的联系？

____

____

4. 当你这一天继续时，你想对你的想法和行为做出什么改变？

____

____

社交

在推进情绪管理小组的过程中，我发现可以与朋友或亲戚讨论问题的那些参与者，在管理愤怒和提升健康方面，表现得更好。与你喜欢的朋友和熟人共度时光，可以帮你远离压力和愤怒。

你可能会认为，自己没有时间培养关系。也许，你的朋友分散在世界各地，但无论是现在还是将来，培养可靠的社交圈，都值得投入大量时间和精力。

从事愉快的活动

当你做平静的愉快的事时，是在直接影响并改变大脑的化学反应。平静舒缓的活动可以提高你的血清素水平，从而保护你免受压力，改善睡眠，并帮助调节食欲。5-羟色胺、多巴胺、催产素和内啡肽也可以增加你的快感，能让身体动起来的活动是愉快的、有益的，能提高你大脑中这些化学物质的水平。

意念法VS冥想

意念法、冥想、呼吸和放松练习可以让我们在特定时刻保持冷静，可以帮我们从坏情绪和情感中解脱出来。定期练习的话，这些工具可以帮我们减轻生活中的压力和紧张感。尽管两个概念有重叠之处，但意念法和冥想并不一样。

意念法鼓励你通过感官专注现在这个时刻。你在看什么？博物馆里的一幅画。你拿着什么？一块石头。你在尝什么？香甜的橙子。你在听什么？孩子们玩耍和车开过的声音。通过意念法，充分深入地投入到每次经历中，比如，石头又重又冷，画的笔触厚实又饱满，这样能帮助你专注于当下，并制止扭曲思维。

冥想涉及许多集中注意力的技能，它专门让思想平静并放松，释放痛苦的情绪、信仰和想法。通过冥想，你可以努力发展特定意识，比如，同情、爱和宽容，你可以练习下面的简短冥想。

平静呼吸：用于释放紧张情绪的冥想练习

1. 设一个计时器，用悦耳的铃声，让它持续2～5分钟，或让你感觉舒适的时间。坚持练习这些技能，你将能做得更久。

2. 用舒适的直立姿势，舒服地坐在椅子上，双脚放在地板上。

3. 深吸气，默数4下，对自己说："平静呼吸。"默数4下，然后呼气。

4. 深呼气，对自己说“呼出紧张”，默数大约8下。

5. 利用吸气的时刻，觉察身体的紧张。

6. 利用呼气的机会，消除紧张。

7. 想象一下放松来到和紧张离开的画面。有些人会想象自己被五颜六色的、平静的、治愈的彩虹包围，在脑海中选择一种代表愈合的颜色，吸入它。当你吸入这种颜色时，感觉它的愈合品质进入了你的身体。当你开始呼气时，想象一种最能表示紧张离开你身体的颜色。

8. 当你专注呼吸时，允许进入你身心的感觉来来去去。有些人把自己的想法想象成天空中飘浮的云朵，或是被风吹走的树叶。

9. 如果你发现自己的思绪在徘徊，请耐心地将它带回呼吸中。这有时候可能很难做到，但没关系，要掌握让大脑安静下来的技能，是需要花时间的。

在琳内汉博士所开发的课程辩证行为疗法的“情绪调节”部分，设置了一系列活动，可以帮你分散注意力，免受消极情绪的影响，参与这些活动可以保护你免受压力及痛苦事件的影响。该理念将你的生活视为一种天平，类似于“正义天平”，一方是消极事件和情绪，另一方是积极事件和情绪。目的是让天平保持平衡，或向积极事件和感受倾斜。

营养

用来对抗压力的保护性因素评测卷提到，每周喝酒超过5杯，或每天喝咖啡超过3杯的话，会对你的情绪和健康产生消极影响。同时也说了，每天至少吃一顿健康完整的饭是很重要的，食物对我们情绪和心理健康的影响已有翔实记录。如果你有健康保险的话，请与医生或营养师讨论一下饮食习惯对你的情绪的影响。尽量避免吃快餐、精制碳水化合物之类的加工食物、糖盐量都高的食物，以及饱和脂肪食物，全谷物、瘦肉、健康脂肪、水果和蔬菜等饮食可以帮你保持最佳的身心状态及情绪健康。

运动/体育活动

这是应对压力和坏情绪的首选方式。参与坏情绪研究的学员引证了自己的多种锻炼方式，比如步行、跑步、园艺等。每次20～30分钟适度提高心率的有氧运动，只需每周做2次到3次，就能帮助降低焦虑水平、改善情绪、保护你免受压力和烦躁困扰。如果你有心血管问题的话，请先与医生沟通，明确哪种锻炼计划适合你。

寻求专业帮助

如果你觉得自己需要一对一辅导或通过小组学习如何更好地管理自己的坏情绪，那么请在你所在的社区找位保健医疗专家。执业临床社工、执业专业顾问、婚姻家庭治疗师、精神科医生，以及高级执业护士等，他们都可以提供心理健康服务。首先，请你的初级保健医生进行转诊，如果你有健康保险，请致电客服，询问如何获取你的行为健康福利。

美国物质滥用和精神健康服务管理局（SAMHSA）的全国热线是1-800-662-HELP（4357），全天候免费并保密。它为寻求心理健康和/或物质使用障碍帮助的个人和家庭提供信息及转介服务，SAMHSA网站也提供在线治疗定位器。

第3节　不要觉得什么都是针对你的

如果认为别人的情绪都是针对你个人的，就会感到被冒犯和不被尊重。你对这种不舒服的反应要么是为自己辩护，要么是被动地屈服于他人对你的看法。不管是哪一种反应，你都会把这个人的行为看作是对你身心健康的真正的、严重的、个人的威胁。

· 在交通中，其他司机的马虎和鲁莽将你置身于危险中，这让你火冒三丈，血压急速升高。

· 在办公室，你把一位同事与你的不同意见当作是对你个人的不尊重或敌意。

· 在家里，你的男/女朋友因为你在聚会上讲的某个愚蠢的玩笑而勃然大怒，你感到他/她是针对你个人的，因而感到受伤。

然而，在现实中，鲁莽的司机不管你是否在路上都会不顾一切地开车。你办公室的同事不同意你的意见完全出于他们自己的原因，与你没有任何关系。或许你的男/女朋友不高兴是因为你讲笑话的方式让他/她想起了某些痛苦的回忆，而你对此却毫无意识。不管是哪种情况，你认为是针对你个人的事情其实都不是针对个人的。

不总是都与你有关

认为事情都是针对你的这种想法对你的情绪有什么影响?

____

____

这里还有另一种例子：我的一个客户深爱着一个女人，而这个女人却无法投入她的情感，她会和他亲近，然后又做一些事把他推开（这就是一般被称为的破坏关系）。

一开始，他认为她的行为是针对他个人的，因为他对她好几次不好的行为感到内疚。但是，随着他和我聊天的深入，随着他回顾自己过去的行为，他展示出了深深的悔恨。他努力原谅自己，并向这位女士道歉，她接受了他的道歉，但是很快她又要和他疏远。他最后终于看出来，她在亲密情感方面存在重大问题，她疏远他跟他本人几乎没有任何关系。她曾经的生活非常不顺，当她觉得和别人在一起不安全的时候，保护自己的方式要么是攻击要么是撤退，而她的保护技巧都十分有效！

你或许永远不知道为什么你生活中的人会攻击你或者远离你，他们可能在遭受过去被虐待的影响，或者他们可能有其他问题。你能知道的是，他们的挑衅行为肯定不是针对你个人的，所以如果你因为别人的行为而影响自己的情绪，那么你就大错特错了。

认为是针对个人的：一个临床案例

布赖恩是一家中型企业的员工，最近，他的上司卢卡斯一直不停抱怨布赖恩，并一直对其进行侮辱，布赖恩很难不认为卢卡斯的行为不是针对他个人的。随着情况的恶化，布赖恩认为上司的指责都是针对自己，他的情绪变得越来越糟，他反复地认为上司做任何事情都是针对自己，这样的情绪最终导致他与卢卡斯发生正面冲突。有人告诉布赖恩，如果他还想在这里继续工作，他应该努力去改善双方的关系，他应该去接受相应的心理咨询治疗，放下认为对方是针对自己的偏见。

治疗师：你为什么认为卢卡斯的批评是针对你个人的？

布赖恩：当有人说你是一个愚蠢的、懒惰的说谎者，说你没有努力做好自己分内的工作时，你怎么能不认为这是针对你的呢？

治疗师：如果你认为某事是针对你个人的，那意味着什么？

布赖恩：意味着我感到被侮辱和被冒犯。

治疗师：当你被侮辱和被冒犯的时候，那种感觉是什么？

布赖恩：我感到自己毫无价值。

治疗师：你是在说，卢卡斯从小学四年级学到的幼稚的评价正在剥夺你作为一个人的价值？

布赖恩：他就是针对我的，他当时就看着我，我还能怎么想？

治疗师：这就需要技巧了，你在学校里老师没有教你怎么应对这种事对吗？

布赖恩：我学到的是忽略它。

治疗师：忽略幼稚的评论是一回事，忽略你作为一个人价值的损失完全是另一回事。

布赖恩：但是那不公平，我工作做得很好。

治疗师：因为卢卡斯的辱骂而导致自己情绪变坏甚至发展到与他争吵，会让事情变好吗？

布赖恩：不会。我没有保持住冷静，被书面警告，现在为了保住工作不得不来这里，不然我就会被炒鱿鱼。

治疗师：那么，卢卡斯用他在校园里学到的把戏，很成功地把你拉到了他幼稚的档次。你的错误在于把他那些孩子式的行为认为是针对你个人的，只要你选择不这么想，你随时都可以做到。你也可以选择把他的辱骂看作是荒唐的胡说八道，根本不当回事。

如果卢卡斯说世界是平的，草是粉色的，世界和草就变成那样的了吗？在某种程度上，他那么做，表明他已经不讲道理了，因为他已经理屈词穷，所以退回到这种荒唐的幼稚的辩论水平。一旦他激怒了你，他就占了优势，你很痛苦，向他猛扑。

现在他有了你违反职业道德标准的证据，但是，现在你知道他想干什么了。所以，下次卢卡斯再与你对抗的时候，你可以换挡。你可以让你的情感脱离他的挑衅，你可以选择不认为他错误的指责是针对你个人的，不再认为好像那些指责说得通、好像那些指责就是你作为一个人的真实的价值评估。

布赖恩：我随时都可以一走了之。

治疗师：是的，那就是让你的双脚解脱。

布赖恩：如果他说“布赖恩，你真是个笨蛋”呢？

治疗师：你不需要向他证明你有多聪明，他是谁？可以对你进行最终的评判？他也是个人，他对事情有自己的标准和喜好。你不用非得特别聪明，像你现在这样就已经足够了。尽管你会犯错误，但你仍然是有价值的。

布赖恩：如果他说的是真的呢？比如，我忘了检查存货就下单订购了？

治疗师：那只能证明你是一个不完美的人，那是一个错误，而不是失败。你可以说：“当我犯错的时候，我也不高兴。”犯错又不是犯罪，所以不需要非得让人感到内疚、承认错误和接受指责。人无完人，重要的不是你犯了错误，而在于如何纠正错误。

布赖恩：如果他说了一些公司的坏话呢？

治疗师：卢卡斯知道你所有的弱点是不是？他知道你是一个忠诚的员工，知道可以通过苛刻批评公司而激怒你。你也不需要认为这是针对你个人的，你可以提醒你自己，他的话只不过是他自己痛苦的一面镜子。你要提醒自己，他有基于自己独特的经历和期望的观点和喜好，那不是对与错，只不过是他的个人口味罢了。你可以提醒你自己，你得用你自己的评判标准来定义你自己，即使结果不完美，你的努力也是有效的。如果你想通过做一些出乎意料的事让卢卡斯不那么生气的话，下次他指出你犯的错误时，你可以表示同意，你可以说："真糟糕，不是吗？"

布赖恩：我不应该阻止这样的事情再次发生吗？

治疗师：不可能阻止不完美的人类让他们不完美。

布赖恩：我给卢卡斯帮过很多忙，但他一点都不感激我给他做的那么多事。

治疗师：这不公平，你也认为这是专门针对你个人的吗？

布赖恩：我当然这么认为。

治疗师：所以，你因为他欠缺考虑而对他感到愤怒。他没有像你为他考虑那样为你考虑，这对你来说不公平。你还生谁的气？

布赖恩：我自己，因为我感觉自己是个笨蛋，我怎么做可以不再有这样的感觉?

治疗师：不要再依靠获得他人的赞同或者要别人感激你所做的事来定义你自己的价值。不管卢卡斯是否感激你，你都是一个有价值的人，尽管你会犯错也有很多不足，你根本不需要证明什么，你不需要因为达到了其他人的期望而获得一颗金星。

获得他人的赞同固然很好，但这不是必须的，卢卡斯没有资格对你作为一个人进行最终的评价。你在工作上每一天每一个小时的表现都不相同，你利用能够获得的信息做出你能做出的最好决定。但是，你不需要只是为了赢得他人的赞同而帮助别人做事。你帮助别人，是因为你看重情意，是因为你的判断力告诉你帮助别人是好的。遗憾的是你没有得到赏识，但你可以判断好到什么程度就够了，你没有做错什么。

布赖恩：对，我没做错。

治疗师：你不需要依靠卢卡斯来判断你作为一个人是否

有价值。现在你有能力去验证自己的努力，自己的判断，自己作为一个人的价值。

布赖恩：这仍然让我感到愤怒。

治疗师：那样的话，你可以选择告诉他实话，像一个成年人那样，你可以说："你那么说让我很生气。"

布赖恩：如果他说他才不管怎么办？

治疗师：那会让你更生气，你可以说："你让情况更糟糕，我现在比刚才更生气了。"

布赖恩：如果他说他对我感到生气怎么办？

治疗师：你可以认可他的愤怒，因为愤怒是一种正当的人类情感。你可以说："你生气我不怪你，事情不按我预期的发展，我也感到生气。很抱歉你感到生气，但是我也还在生气。"

布赖恩：我为什么要说抱歉？我又没做错什么。

治疗师：你说抱歉不是在表达内疚，内疚暗示着你对问题负责，你是因为卢卡斯生气而表达遗憾。遗憾表达的是一种希望，希望事情不是现在这个状态。你可以不需要为卢卡斯的愤怒负责，但依然为他生气和痛苦感到遗憾。卢卡斯的情绪变坏是他的问题，不是你的。

布赖恩：但是，如果他说那是我的责任是我的错怎么办？

治疗师：你痛恨犯错，是吗？但是，记住这也不是对与错的问题。对与错是绝对的这种想法，是从孩童时期带过来的。现在，作为一个成年人，你可以生存在这两个极端中间，作为人类，你的不完美有时候会让人们生气，他们可能没有管理好他们的情绪。他们那么做是让人遗憾的，你可以把你的遗憾表达出来。你可以不原谅卢卡斯的愤怒，但你仍然可以承认他的愤怒，这样你为他树立了一个好榜样，如果他选择看到和学习的话。

布赖恩：卢卡斯真的知道怎么激怒我，是吗？

治疗师：他利用你的弱点攻击你，但是，你越是认可你自己的努力，你就越少依赖他人肯定自己。通过自己认可自己的成功，你就会因为自己是一个有价值的人而尊重自己。

到那个时候，你的脸皮会更厚，卢卡斯的挑衅也不会那么容易伤害到你。

其他人的敌对行为根本不能反映你作为一个人的价值，你不需要进行防卫。

像动物一样厚脸皮

希腊词“pachydermos”来自于pachys（厚的）和 derma（皮肤），所以pachyderm指的是厚皮肤的动物。大象、犀牛和河马，都是厚皮类动物。它们的厚皮对它们很有用，昆虫们跟在它们后面，但是一旦昆虫发现根本咬不透这些厚皮或者得到它们想要的东西，它们就会转移到下一个目标。

你呢？你抵挡他人尖酸刻薄话的能力怎么样呢？当其他人的行为具有伤害性时，你会把他们的行为当作是你价值的指示吗？这里有一些方法可以让你不那么在意别人的感受，让你的脸皮变得更厚一些。

- **看透他人敌对的本质——想要获取注意力或者释放痛**

苦的幼稚行为。这与你没有关系，所以你不需要投入注意力或者精力。你准备让你的坏情绪来作为你对他人不成熟行为的回应吗？还是你会用自己的判断力，用一种合适的方式管理你的情绪和受到的伤害？

· **面对他人的辱骂或其他伤害性的行为，不要为自己辩护**。你的攻击者根本不在乎你的观点，他们主要在释放他们自己的情感痛苦，只不过是以你为代价。其他人的敌对行为根本不能反映你作为一个人的价值，你不需要放在心上，让自己情绪失控，也不需要进行自我防卫。

· **不要担心自己看起来或听起来有点傻**。如果有人问你一个问题，你不知道答案，你可以说“我需要考虑一下再回复你”。你要提醒你自己，你是一个不完美的人，你可以犯错误，你可以把很多事做得非常优秀。你永远都不比别人高级，或者低级，而是与他人平等的。

· **不要那么关注你自己**。相反，有时间的话去考虑你的目标，以及实现目标需要的行动。在社交互动中，想想如何

让这次经历愉快，问问自己你可以做什么能够感觉更舒服一些。

· **当有人攻击你的时候，鼓起勇气冒着风险做一些出乎意料的事**。比如，你可以简单地说："我不知道你想要达到什么目的。"这不是反击的话，这只是事实。如果你事后感觉好一些，好好品味那种感觉——你以后还会赢得这种感觉的。

布赖恩：他为什么要那么做?

治疗师：因为他不尊重他自己，他想通过贬低你来抬高自己的方式来释放他自我怀疑的痛苦。

布赖恩：那样没用。

治疗师：那就是为什么他不得不一直这么做！如果有用的话，他就不再这么做了。

布赖恩：我怎么能让他不再这么做呢?

治疗师：你现在有没有意识到，你还是以改变卢卡斯的方式来定义你的问题？关键不在你如何让他做出不同的反应，卢卡斯怎么行动是由卢卡斯决定的。对你来说更重要的是，关注你能够控制的事情。

你可以选择停止努力让事情发生，或者阻止事情的发生。你可以通过关注真实的东西而生活在当下，而不是生活在可能的未来。不要想着改变卢卡斯——他又没有让你那么做，而且也根本做不到——而是想着改变你自己。这是你的权利，也是你的责任。

当你改变了你自己，别人往往会注意到这一点并改变对待你的方式，就像对待人类中平等的一员一样。至于卢卡斯，你可以不投入到与他的对抗中，从情感上让自己脱离他的无理取闹。你现在的反应只会强化他的敌意，当他发现，他的挑衅就像水从鸭子背上落下一样影响不到你的时候，他就不会再找你的事了。

布赖恩：那样他会做什么？

治疗师：他可能会再去找另一个容易打败的对手，或者，他也有可能开始向你学习，像你一样尊重自己。不管他是否意识到自己在做什么，他都可能开始与你合作。

在上面这个例子中，尽管布赖恩在工作中的行为已经非常具有合作精神，但他仍面临着来自他上司的持久的敌意。尽管两个例子有明显不同之处，但两个人都慢慢理解到同样一个事实——我们每个人都有力量来定义我们自己，为成功设定我们自己的标准，而不是徒劳地试图达到别人的标准。

第4节　你看到什么，就会得到什么

有一次我在看关于南加州泥石流报道的新闻，一个男人因为房子被泥石流毁坏了而在哭泣，他告诉记者希望联邦政府能够介入给予帮助。

在同一条街的另一头，这个记者找到了一个有同样遭遇的男人，“我的家人都及时跑出来了。”这个男人告诉记者，“我们的东西都埋在泥土里了，但是我们能挖出来很多。”当记者问他接下来他和他的家人有什么打算的时候，他说：“我一直都想要一座有三个卧室的房子。”

第一个男人在被摧毁的房子中只看到了损失，第二个男人看到了机会，尽可能从过去灾难中挽救的机会，然后打算建造更加美好的未来。第一个男人看到的是失去，所以他得到的是无助的悲痛，而第二个男人看到的是可能性，所以他得到的是充满希望的能量。

换句话说，你如何解释一个情况，决定了你对其产生什么样的感觉。以此类推，你对过去某个情况的感觉，也会影响你对将来某些类似情况的解释，即使两个情况之间的相似性很小。比如，如果你对拒绝的信号高度敏感，有些随机的无意义的事，可能都会让你感到被冷落、被拒绝，比如跟你一起在公交车站等车的两个陌生人的谈话里没有谈到你。同样，你也可以预测到，如果你总是感到愤怒，你可能会倾向于以激怒人的方式解释中性事件。

确认偏误

你的大脑善于从多个线索发现整个模式，这么做的一个结果就是你容易受到偏见的影响，这是一种选择性的思维，让你只注意到支持你已经相信的内容的证据，错过或者忽略支持相反方向的证据。当生活总是符合你最消极的预期时，你就能确定信息偏见在起作用。

当你感到生气或者其他任何情感时，你的感觉是两个因素的结果：

1. 一个具体事件在你身上产生的客观生理反应。

2. 你对该事件的主观解释。

比如，有人踩到了你的脚，你感到疼，你的心跳开始加速。这些自动的反应是你身体对该事件最初的生理反应，如果你把这件事看作是意外，仍然会感到身体的疼痛，但是你不会生气。但是如果你把这件事看作是有意挑衅，很有可能就会感到生气。

一个事件造成的生理反应是无意识的，但是你可以选择如何解释这个事件，这就是说，你可以选择你的情感反应。你情感体验的关键是你的解释，而不是事件本身。如果你发现自己经常处于生气的状态，就需要检查一下自己对事件的解释，因为你的解释可能会产生发脾气的想法，这些想法会影响你对未来生活的预期。

反应+解释=情感

一个临床案例

盖布里埃尔和南希已经结婚12年，盖布里埃尔会莫名其妙大发雷霆，当南希问他为什么的时候，他总是说："我不知道自己当时怎么了。"盖布里埃尔寻求专业帮助时，南希非常害怕他的愤怒，甚至害怕只是跟他说话都有可能会引爆他。他在家的时候，她大部分时间都非常焦虑，有时候甚至是他不在家的时候也会。下面是盖布里埃尔和他的治疗师进行的对话之一：

治疗师：上周南希让你帮忙做家务的时候，是什么让你那么生气？

盖布里埃尔：是她说话的方式。

治疗师：是什么方式？

盖布里埃尔：让我去做事，没有给我选择，听起来像一个命令——现在就去做，不然就有你受的，我痛恨那样。

治疗师：这让你想起了谁?

盖布里埃尔：我的父亲，当她那样说话的时候，听起来跟他一样。

治疗师：当你没有去做你父亲让你去做的事时，你父亲会做什么?

盖布里埃尔：他会大喊大叫，威胁说如果我没有很快做完或者做正确的话就会惩罚我。

治疗师：“做正确”对你来说是什么意思?

盖布里埃尔：“做正确”就是按照他的方式做，不然就有你受的。

治疗师：你那时候知道他的方式是什么吗?

盖布里埃尔：我以为我知道，但他总是会挑出毛病来。

治疗师：如果什么毛病都没有，那叫什么?

盖布里埃尔：从来没有发生过这样的事。

治疗师：那叫完美，没有人是完美的，让你做到完美对你是不公平的。作为一个孩子，你不可能分辨得出什么是错误的什么是正确的。如果不知道什么是错误，你怎么能改正呢？你不知道他在想什么，他那么做就会让你受批评和惩罚。你有没有过这样的感觉，就是不管你做什么，对他来说都不够好，他都看不上？

盖布里埃尔：我现在对南希就是这种感觉。

治疗师：你的情感记忆不知道两者的区别，它们是一样的。你的心没有眼睛，分辨不出来过去的人与现在的人。你的父亲过去责怪你没有达到他不现实的期望，他那么做是没有用的。但是你现在把怨气撒在南希身上，你这么做也是没有用的。那就是你父亲曾对你做过的事，那样从未让你感觉好一些，你现在让她感受到了你那个时候感受到的痛苦。

盖布里埃尔：我从来没有想到这一点。

治疗师：你认为你可以控制自己选择活在过去还是现在吗？

盖布里埃尔：我从来不知道我可以进行选择。

治疗师：你的父亲是一个不完美的人，他通过对你进行猛烈批评来表达自己痛苦的自我轻蔑。那是不公平的，一个人怎么能因为一个人、一个孩子的不完美而对其进行批评呢？好像不完美是孩子的错一样。没有一个人是完美的，你也不可能做到完美。那是不公平的——你赢不了的。不管你做得怎么样，他都会朝你大喊大叫，对你进行惩罚，只不过是早晚而已，这种不公平让你愤怒过吗？

盖布里埃尔：是的。

治疗师：你对谁感到生气？

盖布里埃尔：对他，因为他朝我大声吼叫，还责怪我。我只希望能够让他高兴，但是我从来没有做到过。

治疗师：你把他的行为当作是针对你个人的了，他让你感觉作为一个儿子和一个人是失败的，你还对谁感到愤怒？

盖布里埃尔：我还因为自己经常把事情搞砸而对自己感到愤怒。我一直不停地努力，但我总是做得不够好，没法让他喜欢。可是如果我知道自己会失败，为什么还不停地努力呢？我一定是一个傻瓜。

治疗师：你是在忽略自己的努力，你在为自己不能控制

的结果而责怪自己。你什么时候将不再生气？

盖布里埃尔：不再生气？我此时此刻想起来都生气！

治疗师：你可以选择是否对过去的情况耿耿于怀，这种被压抑的情感已经开始渗透到你的婚姻里，而且会扼杀你的幸福。南希想知道为什么你不能与她合作，和她一起做家务，她现在什么都不敢让你做。

盖布里埃尔：我不怪她，我甚至都不知道她害怕我。我不想这样，我只是考虑我自己，都没有考虑到她的感受。

治疗师：是你小时候的经历让你学会这样的，过去没有人考虑过你的感受。在你的原生家庭里，感受是不被看重的。合作同样也不被看重，你的父亲没有试着与你合作，他只希望你能屈服。他教给你怎么通过大发雷霆和寻求屈服来实现自己定义的完美，这是一个消极控制的例子。

盖布里埃尔：当南希让我去做什么事的时候，所有那些以前的感觉都回到我身上来。我感觉别人是在强迫我自己——好像我没有选择。我感觉像一个受害者，好像如果我没有立即去做那件事就会受到惩罚一样。

治疗师：你感觉被她控制了。

盖布里埃尔：我就是被她控制了。

治疗师：失控的感觉是很痛苦的，你想要尽快释放这种痛苦。

盖布里埃尔：你不会吗？

治疗师：你那么做有效果吗？那让你解脱了吗？或许你会因为以一种更加失控的方式行事之后产生的内疚感而感到更加痛苦。

盖布里埃尔：我从来没有那么想过，我的确感觉更加失控，但我不知道除了这我还能做什么。

治疗师：你能选择问问南希是否必须立刻做那件事，还是可以过一会儿等你准备好了再去做也可以吗？

盖布里埃尔：这对我来说很难。

治疗师：难在哪里？

盖布里埃尔：好像我在征求她的允许。

治疗师：你有没有权利要求你想要的东西？

盖布里埃尔：有。

治疗师：在什么基础上？

盖布里埃尔：我不知道。

治疗师：作为人类平等的一分子，没有更高级，也没有更低级，更好或者更差。你和南希还有你的父亲都是无条件值得被爱和有价值的，不管你犯了什么错误，有什么不足。你不需要证明自己的价值，也不需要为别人的判断辩护。你自己就是法官，你自己来决定好到什么程度是成功的。

盖布里埃尔：我从来没有这样想过这件事，我总是靠自己做所有的事，但是不管我多么努力，我从来没有做到过。

治疗师：你一定感觉很受挫败，很垂头丧气。你可以通过打破自己的舒适区，向南希要你想要的东西，从而摆脱童年带给你的影响。那不是请求，是对两个平等的人之间合作的要求。

盖布里埃尔：如果我没有得到我要求的东西会怎么样呢？

治疗师：那会让你生气吗？

盖布里埃尔：会。

治疗师：你会觉得这是针对你个人的吗？

盖布里埃尔：是，我会感觉像个傻瓜——好像我早知道不该这么做的。

治疗师：你不会是个傻瓜，你是通过南希的允许才确定自己的个人价值吗？你不可能做到永远取悦每一个人。你不知道其他人在想什么，你其实都不知道什么能够让他们高兴，你甚至都还没弄清楚什么能取悦你自己！当你准备用以前的方式回应南希的时候，你可以控制住自己，不要因失败和让她不高兴受惩罚而感到害怕。你可以倾听她真正要表达的意思，而不是你认为她要表达的意思。她不是你的父亲，她是你现在不完美的妻子，她没有更高级，你也没有更低级，你们两个都是人类平等的成员。

盖布里埃尔：我怎么能记住这些？

治疗师：通过走出你的舒适区，要求与南希合作，以一个成人向另一个成人那样要求。你可以说“南希，我等孩子们上床之后再洗碗可以吗？我最近陪他们有点少”，你能做到吗？

盖布里埃尔：我不知道。

治疗师：有一种方法可以看看你是否能够做到，那就是走出你的舒适区，一旦有机会就进行冒险尝试，谁能控制你的选择？

盖布里埃尔：我想是我自己。

治疗师：如果不是你，又会是谁呢？就是由你来决定——你只需要控制住你自己就可以了。

对盖布里埃尔来说，一个很重要的观点就是，合作不是屈服，想要取悦其他人——过去是他的父亲，或者现在是他的妻子——不是受控制的方式，不是阻止灾难的方式（好像可以做到一样）。相反，盖布里埃尔开始明白，想要通过达到其他人的标准来控制一个局面，注定会产生内疚感，这种内疚最终会导致失控的愤怒。

自我评测

在本章，我们学习了如何评测自己的冲突风格，如何有效地预防被别人激怒，并学习了为什么不要将所遇到的事情都想得太个人化，要去发现美好，你看到什么，就会得到什么。请写下本章中让你印象深刻得以及你想要记住的内容吧。

____

____

____

____

____

第7章 保持进步

第 1 节　你可以选择自己的幸福

如果你不选择自己的幸福，那谁来选择呢？不幸的是，很多人都不习惯为自己选择幸福。他们不相信自己的判断，所以他们感觉必须依靠别人的判断，他们认为别人的判断要比自己的高明。但是，能够为自己做出深思熟虑的选择是一种具有控制力的行为表现。

为什么去做一些因为担心别人怎么想而放弃的事情呢？你自己可以决定你和别人拥有同样的权利来做这件事。你可以制止自己给这件事贴上恐怖的、无意义的、无价值的标签，当你仅仅因为你可能无法将其做得完美而想要拒绝一个做事的机会时，你也可以制止自己这么做。你可以告诉自己，你可以不完美。

不要让过去的障碍、问题、批评、期望或者失败，阻挡你选择变得更好。

提升自己，而不是别人

一个过度负责的男人可能会对他现在的做事方式很满意，他可能会通过否认任何相反的证据来保护自己的完美的假象——他不会犯错，他无所不知，他强大无比，他永远正确，他也与愧疚、过失和责备毫无关联。这样的男人想要他想要的一切，只要他想要如此。他毫不迟疑地要求其他人听从他的愿望，尤其是当这是“为了他们自己好”的时候。如果他没有得到他想要得到的东西，那也是因为其他人没有做好自己的工作，必须由他来纠正这些错误，他会用到本书下面提到的每一种操纵伎俩：

罪恶感——(“我已经为你做了这么多……”)，当他感觉其他人没有意识到他为了他们的幸福已经承担了多少责任时。

原则问题——即使他自己实际上也说不出是什么原则。

公平之说——何为公平取决于他想要什么。

威胁恐吓——（“你会后悔的……”）。确保不仅这次他可以得到他想要得到的东西，下次也可以得到。

然而，这些态度都拒绝承认所有人，包括他自己，都是独特而不完美的。他的防御措施让他保持着一种优越的外表，但是，为他人承担太多责任的人，实际上是感觉自卑的、不称职的、无价值的和愧疚的。这让他很恼火，所以他努力把他生命中低人一等的、不称职的、忘恩负义的人变成不再让他失望的人，以此来发泄他的愤怒。

同时，另一种男人可能会通过努力加速他达到别人标准来释放他内在不足和自卑的痛苦感受。但是，这没那么简单。当他将自己与更成功的亲戚朋友相对比来激励自己的时候，他们的不同只会强化他负面的自我谈话。当他试图用在取悦别人时犯下的错误自我批评并以此来激励自己时，他又一次强化了他自卑的、不称职的和无价值的痛苦感受。

如果你认为其他人没有你的帮助、不达到你的标准就无法前进的话，就会觉得他们不值得你尊重，除非他们已经达

到了不可能达到的完美等级。如果你认为自己有责任维护那些你想讨好的人的标准，就会觉得自己不值得被尊重，除非你已经达到了不可能达到的完美等级。不管哪种情况，你都在掩盖愤怒表象之下的自我怀疑，因为情绪表达的方式可能是不恰当的。

大部分人从未质疑他们孩童时期形成的坚定信仰，那些信仰有些甚至都不理性，他们不受有意识大脑的控制。他们潜伏在一个人的心里，伺机发作，将其拖向深渊。

第 2 节　多好是足够好

想要成为更好的自己没有什么错，我们都想要比现在的我们更好——更聪明、更幸福、更机智、更可爱、更成功、更富有，甚至更苗条。为什么还要满足于当前并不是最好的你呢？

但是，这就是陷阱。当你说“如果……生活会更好”或者“当……的时候我会更成功”的时候，你暗示的意思是，你现在没有做到最好的自己。如果你认为你总是不得不比现在的你更好，就很难找到改善的动力，因为你可能无法找到完美和自我价值之间的中间地带。毕竟，如果终点线一直不停地远离你，那你不可能在一场赛跑中获得成功。

你什么时候试着让自己变得更好?

你提升自己是因为你想要这么做还是因为其他人想要你这么做?

你为自己……设定的标准是?

作为一个父亲/母亲?

作为一个儿子/女儿?

作为一个丈夫/妻子？

____

____

作为一个兄弟/姐妹？

____

____

作为一名上司/员工？

____

____

这些标准是从哪里来的？

____

____

杰克想不通为什么他不能严厉对待他的妻子和孩子——那都是为了他们好，他过去这么认为。“我对他们的严厉，不及我对自己的严厉。”他会说。杰克与治疗师第一次见面的时候说，他经常对他的家人感到生气，但总是事后向他们道歉。然而，他的妻子和孩子对于他的道歉却不以为然，他们知道这样的事件会再次发生，很可能就在不久的以后。

治疗师倾听杰克谈论让他感到生气的事情——他的妻子购买食品杂货的账单，他七岁儿子不尊重人的行为，他十几岁女儿的不负责任——问了他一个聚焦的问题：

治疗师：所有这些让你情绪失控的事情有什么共同点？

杰克：没有，它们没有共同点。

治疗师：的确如此，你的妻子在食物方面花钱太多，你的儿子很粗鲁，你的女儿不负责任，有没有一个共同的特性？

杰克：我没有看到。

治疗师：你对于妻子和孩子感到生气的共同特性是他们都做错了。

杰克：他们做错事了，我对此感到生气，我不认为这是什么问题。

治疗师：你这么做应该是个问题，因为你对错误感到生气让大家都不好过，甚至包括你自己。

杰克：我的孩子不尊重我的时候我应该亲他们的脸吗？

治疗师：在亲吻和谩骂之间有其他选择吗？你有没有看到，当其他人没有达到你完美的标准时，你是多么的鄙视他们吗？

杰克：他们可以努力，不是吗？

治疗师：他们一直都在努力。他们就是做不到，按照你的标准，他们注定要失败。现在，他们感到生气、沮丧和抑郁。

杰克：希望别人是对的而不是错的，这有什么问题呢？

治疗师：问题不小。你还是小孩子的时候学会了正确与错误，你那个时候想要避免错误，但你对于错误的理解还是小孩子的理解，如今，你对错误的理解仍然不成熟、不完整。

杰克：我怎么改变？

治疗师：这是个好问题。通过制订新的计划并不能让我们改变，我们通过在真实的世界采取合适的行动实现改变。

杰克：当孩子们做错事或者我妻子犯错的时候，我该做什么？

治疗师：这不是正确与错误的问题，这是关于接受他们以及其他所有人都不完美这个事实的问题。如果他们的不完美让你感到生气，你可以选择说："你做那件事的时候让我感到生气。"

第一次见面后的那个周末，杰克带着他的妻子孩子去航行。像往常一样，他的家人做的什么都不够好，尤其是他的妻子，在那一天傍晚活动快结束的时候，船脱链了，她竟然连在码头线上打个简单的结都做不到。

"你做得不对！"他对她大喊。

她把线解开，又打了一次结。

"这样也不行！"杰克又喊了一次。

他的妻子已经习惯了他的这种行为，叹了口气，又试了一次。当杰克准备再对她大喊一次的时候，他制止了自己。

等一下，他想到，那样没有错——只是不完美。是不是自我们结婚以来我一直这么对她？我的天啊——没有人应该受到这样的对待。

杰克为他的大喊向妻子道歉，这一次，他是真的心怀歉意。

知道什么让你高兴——什么不能

为他人承担过多的责任，因为生活中的不公平感到恼怒，解决这两种问题的方法就是停止做让你不高兴的事，开始做给你带来幸福的事。这在很大程度上意味着允许其他人承担他们自己选择的后果，你生活中有问题的某个人可以站出来向你求助——也可以不这么做。与此同时，你可以选择停止试图阻止未来的灾难，开始顺其自然。

要你所需

就像其他人可以选择问你要他们想要的东西，你也可以问其他人要你想要的东西。问他人要你想要的东西，并不代表你是软弱的或者依赖他人的。这是合作，当然了，这也是个风险，因为对方可以拒绝。

问其他人要你想要的东西是有风险的，因为你不可能真的知道他们会怎么回应。但是，成年人可以承担一定的风险，成年人就是需要这样。

努力改变其他人

你什么时候曾努力改变其他人？

____

____

结果如何？

____

____

你从中学到了什么？

____

____

如果你向别人要并得到了你想要的东西，下一次你想要什么东西的时候，就会更加自信，更加乐观。但是，如果你遭到了拒绝，不要认为那是针对你个人的。你可以记住，你的自尊不来源于得到你想要的东西，你作为一个人的价值不管得到还是得不到都不会受到影响。

如果你因为某人拒绝或者未被满足的要求而感到生气的话，你可以把你正当的坏情绪用一种真实而有礼貌的方式表达出来：“当我告诉你什么能让我快乐而你却不给我时，我很生气。”如果对方的反应是配合你的意愿，那种反应应该得到认可。最后，还有一个非常关键的点需要记住，人们管理坏情绪的时候，经常更关注他们不喜欢的事情，对于进展顺利的事情视而不见或者认为其理所当然。

你在追求自己的幸福，要求其他人与你合作之前，必须得知道什么能让你幸福。担心其他人会怎么想会让你幸福吗？好！你可以选择继续。但是如果这让你不高兴的话，你可以选择停止。

在你继续选择什么能让你幸福什么不能让你幸福的时候，你很可能会突然想到，最简单的选择就是停止做让你不幸福的事情。比如，不再一直不断地指责一个员工工作表现前后不一致，你可以选择说：“当你做事情不能从一而终的时候，我会感到生气，我希望你能在工作中表现出更多的一致性。”至于你自己的工作，或许一天不去上班什么也不做会让你感到幸福。如果是这样的话，你可以选择这么做，而不是自责自己的不负责和效率低下。你可以选择把什么也不做看作是做了一件重要的事，那就是——脱离众多责任的压力，过一个应得的、疗愈的假期。

自我照顾的时间很必要，如果你不花时间去做你想要做的事，就会抱怨你不得不去做的重要的事。

什么让你幸福?

____

____

什么可以让你感到幸福？

让你的幸福成为现实，你有多少选择呢？

什么不能让你幸福？

第3节　设定个人标准

众所周知，很多时候人们不会做选择，因为他们不知道什么能让他们高兴。他们经常忙于达到其他人的标准，以至于他们没有信心思考他们自己的标准。下面这个故事，讲的是以他人的标准来衡量我们的自尊心，会如何影响我们的幸福感。

莉莉和詹森已经结婚8年，他们当时经济有点困难，所以他们同意在他们还完债务之前，先省去一些不必要的开支。

一天，莉莉出去逛街，看到了一款她喜欢的手表。手表的售价是350美元，她用信用卡付了款。

当莉莉给詹森看她买的表时，他大发雷霆："你怎么能这样？你知道我们还有债没还完！"

当然，他的勃然大怒对于解决问题毫无用处。毕竟，他无法通过对妻子大喊大叫就将信用卡账单上这笔花销抹去。所以，发脾气有什么意义呢？詹森真正感到情绪失控的是什么？是他们的经济问题？莉莉购买的行为？那个手表？还是前面的一切？

在这个情况下，答案是，前面提到的那些都不是。

詹森过去认为，一个好丈夫就应该为他的家人无限制地供养他的家庭。支付不起莉莉想要的手表这件事，让他感到自卑。因此，他感到非常得内疚，不仅因为朝他的妻子大声吼叫，还因为他没有成为一个更好的养家糊口的人。

在他看来，不能满足他妻子想要的一切，让他成为一个不称职的丈夫，不管他多么努力地工作，或者他做了多少家务活。因为他是一个不称职的丈夫，莉莉当然会为了一个能够给她买得起好东西的人而离开他——这个想法让詹森跌入一个糟糕的情感旋涡。

那不公平！如果詹森真正思考这件事，其实整个事情都是莉莉的错，当然还有他们经济问题的错。他做不到有求必应不是他的错！如果莉莉因为他没有达到她的标准而与他离婚的话，那也不是他的错。他已经看出她在轻蔑地看着他，为什么不呢？他不是一个标准称职的丈夫。他怎么能指望她爱他呢？但是，或许他也可以做一些事来挽回她。或许他可以更加努力地工作，在家里做更多的家务，尽一切努力满足她对于丈夫和养家糊口的标准……

这个时候，詹森与他的治疗师进行了一场对话。

詹森：我怎么做才能让我的妻子再爱我？我已经把我能想到的都做了。

治疗师：你认为自己是一个称职的丈夫吗？在你从妻子那里获得爱之前，你必须要感觉自己值得她的爱。

詹森：我怎么能感觉值得她的爱？我一点不知道该怎么做。

治疗师：你必须知道你自己对于称职丈夫的标准。

詹森：我害怕不能做一个称职的丈夫。

治疗师：做一个称职的丈夫意味着什么呢？

詹森：我不知道……给我妻子她想要的一切？

治疗师：嗯，欲望是无止境的。一旦我们得到了我们想要的一切，我们又会想要更多。

詹森：好吧……那会怎么样呢？

治疗师：你必须要有勇气。勇气让你敢于做一些艰难的事——比如为做一个称职的丈夫设定你自己的标准，即使你的妻子可能在某些方面不赞成。

詹森：但是我不想让我的妻子不高兴，她如果离开我了怎么办？

治疗师：我们不知道结果会怎样，但是如果你有勇气为自己树立一个成功丈夫的标准，不管结果如何，你都会有一种成就感和成熟感，你会有更多的自信和自尊。

定义成功

如果你想要成功，就必须知道成功对你意味着什么。六位数的收入被很多人用来表示成功，因为他们在年幼的时候学到的是，他们在社会上的价值以及作为一个人的价值，往往取决于他们能挣多少钱。但是，用其他方式来定义成功也是可以的。比如，你可以考虑你与其他人分享的爱与支持的程度，或者你的才能与成就的宽度，或者你作为居民为你所在的城市所做的贡献。

如果你的世界小而安全，那将是一个舒适的地方，尽管你很可能会限制自己成长的选择，因为你不会有很多新的体验。相反，每一次远离你的舒适区一步，你就朝着你的潜能靠近了一步，而潜能是没有限制的。但是这种努力在某种程度上可能会需要面对恐惧，这就是勇气的用武之地。

拥有勇气

勇气是承担困难或恐惧的能力和意愿，它要求你相信自己的判断，冒着不够完美的风险，为了解决实际问题，而不是不断试图阻止可能永远都不会发生的灾难。

自己做选择一开始可能很困难，但是，正是这种挣扎才会带来成功。事实上，有时候挣扎正是你生活中需要的东西。它会教给你接受生活本来的样子，并尽你所能地对待生活。这才是真正的力量和控制——不会太多，也不会太少，刚刚好。

成功是……

你什么时候感到自己是成功的？

____

____

选择勇敢

你什么时候体验过勇气？

____

____

第4节　自我护理计划

完成了本书的技能练习后，我希望你能继续练习，以更好地管理自己的想法和感受，并按步骤进行积极沟通。花点时间，制订自己的个人护理计划，以保持你在降低情绪反应方面所取得的进步。

清点特别有用并愿意融入自己生活中的技能和实践

____思维阻断

____检查并重构思维扭曲

____使用TIPP技巧

____监测愤怒唤醒时的体征（呼吸、心率、出汗等）

____吃得好点

____少喝点酒

___少消耗点咖啡因

___使用罗森伯格非暴力沟通的四个步骤

___练习意念法和冥想

___解决影响你当前情绪和行为的过去的创伤事件

___定期进行体育锻炼

___每天至少参加一项愉快的活动

___使用戈特曼的简单四步来改善关系

___与朋友和熟人共度时光

___每天都要有安静的“自我时间”，不管它多么短暂

___通过“抽查”盘点让自己平静下来，观察自己体内的变化，确定自己的感受和原因

你还希望包括其他哪些技能和策略来帮助你更好地管理情绪？你在本书中学到了哪些想要融入生活的实践和技能？

____

如果关系没有改善，怎么办

本书始终强调，个人只能控制自己的行为。你可以从其他人那里寻求改变，可以学习如何请求他人变化。我们中的许多人避免冲突，是因为担心坚持自己的立场可能会导致重要关系终结，这种预期会引发有些人的焦虑或恐惧，长期关系的结束可能会在情感和经济上产生很严重的长期影响。

夫妻咨询中所用的一个经验法则是，尽量让关系变好，然后针对情况重新做评估。能帮你更好地管理情绪并更有效地表达情绪的那些工具，可能无法挽救已变得不可行的关系。

但它们可以让你展开艰难对话，并让双方在做痛苦决定时对彼此客气。当涉及儿童时，这尤其重要。

向执业婚姻家庭咨询师或其他专业人士寻求专业帮助，可能是个好办法，可以在安全的情况下进行艰难对话。在有些文化中，更合适的办法可能是让信赖的家庭成员也坐到一起，居间调解。而有些人可能更愿意咨询牧师、犹太教教士或其他神职人员，让他们来帮自己解决冲突。

用于解决争议的一个比较好的替代办法，是经由立场中立的某一方促成，双方或多方进行调解或谈判。

如果你选择要结束一段重要关系，那么在你结束的过程中，寻求这段关系之外的其他人的支持非常重要。如果你的家人和朋友支持你的话，请与他们联系，告知他们你生活中发生的事。花时间当面或通过电话与他们沟通，获得他们的反馈和支持。

如果你没有家人或朋友支持，那么努力发展几个支持你的人吧。在你感到特别沮丧和愤怒的时候，试着在附近找找与你情况一样，正在结束重要关系的人所在的支持小组或聚会。虽然最好是亲身接触，但当你经历这些危机时，在线社区也可能会非常管用。

当你真正开始掌控情绪的时候，你已经远远走在了别人前面。

结语：行动起来

情绪管理小组的结局总是苦乐参半，大家对能够完成12次会议感到很高兴。通常来说，如果没有小组的支持，组员往往会惶恐不安，踟蹰不前。通过听取彼此的故事，以及每个人如何在生活中逐步实现改变，组员获得了满足感和力量。许多人开始担心该怎样保持进步，谁会聆听自己与愤怒所做的斗争，谁会在一路的尝试和失误中与她们一起大笑。

培养技能和技巧以更有效地表达自己的需求、意愿，并表达对其他人改变行为的请求，会让你的生活走上正轨，关系得到改善，身心健康得以提升。学会更好地管理你的情绪，能让你赢过90%的人。

以我多年的观察，采取更好的行动比找到更好的感觉更容易。也就是说，你可能会发现与改变自己的想法、感受和身体感觉相比，改变你的外在情绪失控行为要更容易。在情绪管理小组中，我们喜欢把暴躁情绪比喻成生活中的冰山，行为只是在水面上可以看到的冰山一角，但就像泰坦尼克号一样，隐藏在水下的东西更关键。泰坦尼克号遇到了被水掩盖的冰山的巨大部分，所以才会沉没。在人类心中被掩盖的，是在坏情绪外向爆发或内化爆发之前，自己的那些想法、感受和身体感觉。

改变你的坏情绪外向爆发的习惯，往往是一项巨大的成就。不大喊大叫，不骂人，不扔东西，就是向前迈出了一大步（毫无疑问，这对你身边的人来说是一种解脱）。但是，否认坏情绪，内化它，误导它，则可能会对你和你的人际关系造成同样的伤害。如果你就是这样处理情绪的话，那就做好准备，因为最终你会突然大发雷霆。

对于那些让你生气的问题，你得探寻一下被掩盖的东西，以便逐渐搞清你为什么做出那样的反应。而为了改变你的想法及看法，你得探索一下自己生气时的生理体验及相伴而生的情绪。对于最先表明你内心坏情绪的那些身体感受和变化，了解得越清楚越好。这就是一切开始的地方，你必须开始探索的地方。

情绪管理小组的学员学习后，已经在自己生活中使用了本书所教的各种技能和技巧。现在跟他们一样，由你自己来决定是不是采用并在生活中实施这些策略，以减少情绪失控反应，增强有效肯定。你会感到惊讶的是，即使是最小的一步，也会产生很大的影响。比如在发生争论时，尽可能不设防地聆听让你生气的那个人所说的话，会产生很大的不同。你会为自己及所做的努力感到自豪，当你发现它有效果时，你会想做更多。

每天，向着更好的情绪管理这个方向，尝试迈出一小步。为了变得更有效更肯定，试着用用这些技能和技巧，比如，暂停、验证、以“我”开头的表述、有节奏的呼吸等，看哪些对你管用，就可以试试看。有些时候，另外一些技巧的效果可能会更好，但请记住，要坚持尝试。

一行禅师这位学者、活动家和佛教宗师认为，正在经历坏情绪的人是痛苦的、悲惨的。他认为，意念技巧能减少坏情绪、痛苦及悲惨。他写道：“当我们对别人生气时，会扩散自己的痛苦和悲惨。当别人对我们生气时，他们会扩散自己的痛苦和悲惨。更好地管理我们的情绪，就能找到通向平和之路。”

请记住，你在这个旅程中并不孤单，其他许多人都和你一样，在日常生活中一步步尝试更好地管理情绪。祝你从奋斗中获得很多内心回报，也祝你生活幸福。

最后，给大家分享两个故事。

两只鸭子安静地在一个池塘的水平面上滑行，突然，一只鸭子靠另一只太近，侵犯了另一只鸭子的领域。两只鸭子开始打起来，打得很激烈。但是，几秒钟之后，两只鸭子突然朝着不同的方向游去，就像它们开始打架一样让人始料未及。它们在远离彼此的游行过程中，都一直十分猛烈地拍打着它们的翅膀，然后，它们重新开始保持最初的距离继续滑行，就像从未发生过打斗一样。

这两只鸭子打斗之后，是怎么做到立即恢复到之前和平相处的状态的？它们打斗之后为什么没有像大多数人那样深受折磨？它们为什么没有任何伤口需要舔舐？

答案很简单——当它们拍打自己的翅膀时，它们就把在打斗中积累的能量和情绪消耗掉了。它们完全感受到了自己的能量和情绪，并且完全清除了冲突带来的影响，因此，它们的争斗并没有持久地影响它们的身体及与彼此的关系。

我们人类，号称自己多么高级，为什么不能借鉴大自然这么简单的智慧呢？我们终生都在遭受痛苦的折磨，我们体内都积攒着未处理的庞大能量和情绪。很多人无法像那两只鸭子那样清除冲突的影响，它们就像身体上的伤口，永远无法愈合。但是，刚产生的情绪是健康无害的，如果我们充分感受并恰当地表达它们的话。

在某种意义上，我们都是情绪的孩子。当我们还是小孩子的时候，每个人都看到过看护我们的人生气的样子。我们小的时候，看护者如何处理他们的情绪，深远地影响着我们现在如何表达我们自己的感受。或多或少地，我们父母的情绪影响了我们看待自己和人生的方式，而其中很多都不是积极的。但是，这些影响还是塑造了我们，削弱了我们良好的判断力，还有我们客观看待世界的能力。

事实上，就像《精神病护理展望》(*Perspectives in Psychiatric Care*)一篇关于健康情绪管理的文章讲到的那样，童年体验是如此常见，与控制其他强烈的情绪相比，人们控制愤怒的成功策略更少。为什么会这样呢？为什么几乎没有人在小的时候有机会看到成年人用合理有效的方式管理自己的糟糕情绪呢?

合理有效的情绪管理，就是转化过度的生理激发，改变具有攻击性的想法，改变妨碍解决问题的不健康的行为。在我看来，这当然不是指根除坏情绪。但是，即使彻底消除坏情绪也是可能的，但它是不可取的——坏情绪具有自我保护的功能，比如维持界限、调动纠正不公正的勇气。

你有没有听说过这样一句话：经验是最好的老师？我写这本书的目的就是帮助你最大限度地从情绪失控的经历中学习，这样你能更好地处理将来的事情。如果经验是最好的老师，那么你体验的情绪失控越多，你就越有能力去学习。因此，即使你怒发冲冠、大发雷霆，也给你提供了成长与发展的机会，这让我想起了第二个故事。

曾经，有一个人决心要杀掉世界上所有的恶魔。不久，他遇到了苦难恶魔。

“没有人想要遭受苦难。”这个人举起他的剑，大声喊道。

“你是没有用的，准备受死吧！”

但是，苦难恶魔温柔地对这个人说：

“我知道，你认为是我造成了不必要的痛苦和悲伤。”恶魔说道，“你认为世界没有我的话会更好。但是，你是小男孩的时候，有一天你把手靠近火苗太近，你还记得吗？”

那个人迷惑不解地站在那里没有动，但很快，他脸上露出了理解的表情。

“啊哈！”那个人说。

他把剑装回剑鞘，向恶魔鞠了一个躬，回自己家去了。

奥尔德斯·赫胥黎曾说：“经验不是一个人身上发生的事情，而是一个人如何处理发生在他身上的事情。”你过去的经历会影响你现在的所为——同样，你永远无法预知一次出乎意料、让人沮丧的事件，有可能会带来一次同样出乎意料却美丽无比的新体验，关键在于你如何处理它。

附 录：

自我评测表和工作表

情绪探索日志

情绪激发事件:

____

____

____

该事件的三个W——和谁（Whom）在一起发生的，什么时候（When）发生的，发生了什么（What）:

____

____

____

你的坏情绪在从1到10的范围内有多强烈（10表示完全被激怒）? __________

你的身体有什么感觉（比如，心率加快、出汗、颤抖、呼吸加快）?

哪个消极想法助长了你的坏情绪（比如，是孩子在故意激怒我，是那个司机毁了我的一天）?

你生气时身体表现是什么（比如，双臂交叉、对别人戳指头、大吼大叫、骂人、扔东西）?

该事件的结果是什么（积极、消极、中性）？

____

____

____

你觉得自己本来哪里可以做得不同？

____

____

____

——改编自新英格兰展望协会的情绪日志

消逝

花点时间，坐下来想象一下，当你能更好地管理情绪时，生活会是怎样的。闭上眼睛，或盯着地板上某个点。想象一个时间，比如，几个月之后，当情绪不再蒙蔽你的时候，记录以下内容。

感觉（Feel）想象一下，如果你能更好地管理情绪，你的身体会是什么感觉，情感上会有什么感受：

面貌（Appear）想象一下，如果你能更好地管理情绪，你在其他人面前的面貌会有什么不同：

做法（Do）想象一下，如果你能更好地管理情绪，你的做法会有什么不同：

____

____

能力获得（Empower）想象一下，如果你能更好地管理情绪，你将有能力做什么：

____

____

记下你所希望的坏情绪消逝方式，坚持这些目标，以备将来参考。

____

____

情绪唤醒时的常见生理反应

肌肉紧张。身体感到紧张、警觉，很多人会感到脖子、肩膀、后背或胸部绷紧。

心率加快。你可能会感到心率略微加快，或感到心脏怦怦乱跳。

呼吸急促。呼吸变快、变弱。

冒汗。有些人会感到自己“体温升温”，有可能脸部、颈部、腋下或手会出汗。

发抖。肾上腺素和去甲肾上腺素在体内释放（这也会导致肌肉紧张），可能会导致身体晃动或颤抖。

哭泣。有些人在非常生气时或生气过后会哭。

按顺序（如果可能的话）列出情绪触发事件发生时，你最常见的生理反应。练习这项技能，你将更容易识别自己的情绪反应。

第一反应: ________________________________

第二反应: ________________________________

第三反应: ________________________________

第四反应: ________________________________

评估自己的情绪反应强度

在决定最佳情绪反应之前，你必须能够评估自己的情绪反应强度。如果被坏情绪的生理体验弄到不知所措，那你就不会在认知上或情感上做好准备，与其他人进行富有成效的情感讨论。可以通过以下尺度来衡量你的愤怒强度。

1. 一点也不生气，身体没有激动感。

2. 有点恼火，身体有轻微激动感。

3. 沮丧，身体有更多激动感。

4. 被激，身体激动感在进一步增强。

5. 加重，身体一般激动，愤怒症状显现。

6. 激动，外部情绪信号更加明显。

7. 被激怒，情绪的生理症状增多，该将自己从当前情况中解脱出来了。

8. 生气了，情绪的生理症状增多，逐渐失去控制，应该把自己从当前情境中解脱出来。

9. 狂怒。身体被坏情绪整得不堪重负，情绪反应更加不可控制，急需从当前情境中解脱出来。

10. 情绪爆发，身体陷入全面激动状态，这时其他人可能会受到惊吓。

想想你最近一次重大情绪事件，它的强度是多少？

____

____

当你回想一个重大情绪事件时，试着回想一下，你的坏情绪持续了多久？

___1～2分钟	___超过1小时
___大约5分钟	___半天
___10～20分钟	___一整天
___30分钟到1小时	___超过一天到一周

情绪的自我评测

以下自我评测的目的，是揭示你情绪反应的严重性和频率。这不是正式诊断工具，而是出于提供信息的目的，为你的情绪管理提供指导。

请回答以下表述，并加总得分。在每题选项中，1分表示从不，2分表示很少，3分表示有时，4分表示频繁，5分表示总是。

1. 我生气时，身体经常会疼，比如，肚子疼或头疼。

1　2　3　4　5

2. 我会试着隐藏坏情绪。

1　2　3　4　5

3. 当我对某人生气时，我会说那人的闲话，或试着以某种方式对那人蓄意破坏。

1　2　3　4　5

4. 我生气时，会把挫败感发泄到最亲近的人身上，而不是真正让我生气的那个人。

1　2　3　4　5

5. 我会被小事激怒。

1　2　3　4　5

6. 我特别易怒。

1　2　3　4　5

7. 当我真生气时，想打人。

1　2　3　4　5

8. 当我真生气时，想砸东西。

1　2　3　4　5

9. 我有强迫性想法，这让我生气。

1　2　3　4　5

10. 当别人不明白我想告诉他们什么时，真让我恼火。

1　2　3　4　5

11. 我每周至少会有一次吹胡子瞪眼。

1 2 3 4 5

12. 我的情绪爆发使周围人心烦意乱。

1 2 3 4 5

13. 当前面的车开得太慢时，我真的很不耐烦。

1 2 3 4 5

14. 当别人违反规定，比如，在超市的快速结账通道堆放太多物品时，我就会生气。

1 2 3 4 5

15. 当别人在我旁边表现粗鲁时，我会生气。

1 2 3 4 5

16. 我发现自己经常被周围某个人激怒。

1 2 3 4 5

17. 我对自己的愤怒反应感到特别羞愧和内疚。

1 2 3 4 5

18. 我常常感到肌肉紧张、压力很大。

1 2 3 4 5

19. 我生气时会大喊大叫或骂人。

1 2 3 4 5

20. 我太生气了，整个人好像马上要爆发的火山一样。

1 2 3 4 5

21. 当机器或设备不能正常工作时，我很快就会感到沮丧。

1 2 3 4 5

22. 我对人和事的坏情绪会持续很久。

1 2 3 4 5

23. 我无法容忍无能的人，他们让我生气。

1 2 3 4 5

24. 我认为别人做了不应该做的事并试图逃避惩罚。

1 2 3 4 5

25. 当家人不分担家务时，我就生气了。

1 2 3 4 5

总分 ____

分值的含义

80～100分 你的情绪表达会让你和其他人都陷入大麻烦，建议寻求专业帮助，建议读完本书。

60～80分 你得努力慎重地控制自己的情绪，有可能会需要专业帮助。

50～60分 你有很大改进空间，建议自助阅读有关情绪管理的书籍。

30～50分 你可能像大多数人一样，经常生气，建议监控情绪触发事件，观察自己是否可以在几个月内降低得分。

30分以下 不错，你能很好地管理自己的情绪。

——改编自新英格兰展望协会的情绪评测

释放怨恨

花点时间想想你可能心怀的怨恨，回答下面的问题，进一步探讨这种怨恨。

引起怨恨的人、人群或情形：

____

____

你具体受到了怎样的伤害？

____

____

怨恨所导致的这次愤怒，伴随着哪些情感？

____

____

释放这个怨恨有哪些好处?

____

____

释放这个怨恨有哪些坏处?

____

____

冲突风格评测

请根据以下每个表述与你实际行为的一致程度，选择T（对）或F（错）。在回答问题时，回想与你最常发生冲突的人或情况。

1. 我往往愿意让别人来负责解决某个问题。

□T　□F

2. 与其与对方陷入持续紧张状态，我更愿意让对方赢得争论。

□T　□F

3. 争论时，必须由我来说最后一个字。

□T　□F

4. 我宁愿花时间关注已经达成一致的事，而不愿协商分歧事项。

□T □F

5. 我认为，妥协是解决冲突的最好办法。

□T □F

6. 在冲突中，重要的是解决每个人所关切的问题。

□T □F

7. 在冲突中，最要紧的是达到自己的目标。

□T □F

8. 与冲突相比，维持关系最重要。

□T □F

9. 如果看起来支持对方更容易的话，我会放弃自己的喜好，支持对方。

□T □F

10. 即使我与某人有冲突，也总会要求那个人帮忙解决问题。

□T □F

11. 我不喜欢紧张，总会尽可能避免紧张。

□ T □ F

12. 我喜欢赢得争论。

□ T □ F

13. 我会尽可能地拖延冲突。

□ T □ F

14. 我会在争论中放弃一些观点，以获得另外一些观点。

□ T □ F

15. 在争论中，我会尽力确保所有问题和关注点都被考虑到。

□ T □ F

16. 不是所有差异都值得讨论。

□ T □ F

17. 在争论中，我会尽最大努力来占得上风。

□ T □ F

18. 为了维持关系，我会顾及对方的感受，在争论时安慰对方。

□T □F

19. 如果对方会在某些问题上让步，那么我也会。

□T □F

20. 在冲突中，我总能看到妥协点。

□T □F

21. 争论时，我总是尽力让自己的观点清晰明了。

□T □F

22. 在争论中，我会提出自己的想法，然后听对方的想法。

□T □F

23. 我会尽力说服对方，让对方看到我的观点有逻辑、有好处。

□T □F

24. 在冲突中，我不喜欢伤害别人的感情。

□T □F

25.当看到马上要发生争论时，我会立刻走开。

□T □F

26. 我会尽力为各方找到得失平衡。

□ T　□ F

27. 如果争论正在酝酿，我会躲开。

□ T　□ F

28. 我赞成在冲突中直接讨论问题。

□ T　□ F

29. 在冲突中，我会尽力在我和对方的立场之间找到一个折中办法。

□ T　□ F

30. 我觉得，坚持自己的意愿很重要。

□ T　□ F

31. 在冲突中，我很乐意寻求自己意愿的满足。

□ T　□ F

32. 如果对方的观点对他或她而言非常重要，我通常会屈服。

□ T　□ F

33. 在争论中，我会试着保持安静，这样我不会怒气冲冲。

□T □F

34. 几乎在每次争论开始时，我都会认为自己将不得不舍弃某些东西。

□T □F

35. 我想让每个人都尽可能满意地结束争论。

□T □F

现在，请加总得分。选择T最多的那一组问题，表明你的冲突风格（至少与你做题时正在考虑的人或情况有关）。

第1组:回避型（双输型冲突风格）。问题1、11、13、16、25、27、33选择了T。

第2组:适应型（双输型冲突风格）。问题2、4、8、9、18、24、32选择了T。

第3组:妥协型（不赢不输型冲突风格）。问题5、14、19、20、26、29、34选择了T。

第4组:合作型（双赢型冲突风格）。问题6、10、15、22、28、31、35选择了T。

第5组:竞争型（一赢一输型冲突风格）。问题3、7、12、17、21、23、30选择了T。

——改编自托马斯·基尔曼冲突模式量表

（Thomas-Kilmann Conflict Mode Instrument）

抽查盘点

你可以通过以下方式，随时抽查自己：

1. 在白天的不同时间，调整呼吸。感觉腹部进行了一两次呼吸，注意体腔的升降，注意身体感受。

2. 在以上时刻，了解你的想法和感受。不要下判断，只是观察它们。你在想什么，有什么感觉?

3. 你能在当天或之前发生的各种可能引起这些感受和想法的事件之间，建立起什么样的联系？

____

____

____

4. 当你这一天继续时，你想对你的想法和行为做出什么改变？

____

____

____

发现自己当前的行为

遭受磨难是不可避免的，但是，即使在一个极其棘手的情况下，你也可以获得精神成长，把这些困难当作检验你内在力量的工具。你可以为未来设定目标，超越当前的苦难，好像它们已经发生在过去一样。你可以接受挑战，为你的努力感到自豪，虽然遭受磨难，却勇敢坚强。

不管是沉迷于过去不幸的遭遇之中，还是借助不幸变得更加强大，选择权都在你自己手中。明智地利用这个权利，在练习管理情绪的时候，你可以将下面的表格作为参考。当你需要有人提醒你如何在生气的情况下处理好自己的情绪时，你可以咨询一下。

当你发现你自己……	**提醒你自己……**
在想“这是我应该做的”。	“应该”这个词经常表明的是一种喜好，但这不一定是你自己的喜好。
为了效率而要求他人服从。	获得别人的合作会更富有成效。
努力取悦他人。	你不知道他们想要怎么被取悦。
努力不让其他人不高兴。	你可以让其他人为他们自己负责。
保护他人不受他们自己行为后果的影响。	他们没有请你帮忙。
努力阻止灾难。	你做不到预测未来或者阻止事情的发生，所以还是顺其自然的好。
以完美的标准要求自己和他人。	你其实不知道什么才是最好的。
努力向他人证明你的价值。	自我价值感来自于你的内心。
对别人的指责小题大做。	你可以将注意力集中在真实情况上。
对别人伤害性的话语反应强烈。	你可以一边证实对方的感受，一边选择认为他或她伤害性的话是荒唐的。
有一点小事情出差错就火冒三丈。	差错只会带来不方便或者失望，又不是世界末日。
当有人生你气的时候，你急着为自己辩护和证明自己的清白。	有问题的不是你。